謀略

復刻新装版

インテリジェンスの教科書を読み解く

大橋武夫＝著

佐藤優＝解説

時事通信社

まえがきに代えて

インテリジェンスの不朽の名著『謀略』を今こそ読むべき理由

ここ数年、日本を取り巻く環境が急速に悪化している。最大の要因は、米国の影響力が急速に弱まっていることだ。

ロシア・ウクライナ戦争もイスラエルとイスラム武装集団ハマスとの紛争（ガザ紛争）も、米国が圧倒的な経済力と軍事力、さらにイデオロギー的威信（自由と民主主義、市場経済という単一の価値観で世界が統合されるのが望ましいというイデオロギー）を持ち続けていたならば、起きなかった。

人口、工業生産力、軍事力で比較した場合、ウクライナがロシアに勝利することは客観的に不可能だ。にもかかわらず、米国は西側同盟国（そこには日本も含まれる）を巻き込み、派兵を除く、経済的、軍事的に全面的な支援をすると約束し、ウクライナを代理戦争に駆り立てた。その際にも、米国が供与した兵器で、ウクライナがロシア本土を攻撃してはならないという条件を付けた。ウクライナはこの条件を守り、米国により「監理された戦争」を展開している。米国の目的はウクライナを勝利させることではない。ウクライナを道具にしてロシアを弱体化させることだ。こういう代理戦争を展開した背景には、米国の意向を無視して主権国家として振る舞おうとするロシアに対するバイデン米大統領の苛立ちがある。

米国がウクライナに地上軍を派遣し、核戦争のリスクを踏まえて戦うという腹を固めていれば、ロシアはウクライナへの軍事侵攻を諦めたと思う。2022年2月24日のロシアのウクライナ侵攻によって始まったこの戦争は、そろそろ2年になろうとしている。現時点でロシアはウクライナ領の約2割を実効支配している。この現実を米国の全面的支援を受けたウクライナは覆せないでいる。この現実が米国の弱体化を如実に示している。

ガザ紛争に関しても、米国が中東で「憲兵」の役割を果たしていたならば、2023年10月7日にハマスがテロ攻撃を加えることはなかった。

勢力圏を縮小している米国は、同盟国の潜在力を最大限に活用しようとしている。米国が標的にしているのはドイツと日本だ。日独二国は圧倒的な経済力を持つにもかかわらず、十分な軍事協力を行っていないように米国の眼には映る。そこで防衛費の負担増や米国の軍事行動への協力が一層求められるようになった。インテリジェンス分析の訓練を受けていない政治家や官僚から見ると「日米同盟が強化され、これで日本の安全保障は盤石になる」という風に見える。こういう人たちには日本が泥船に乗りかけているという現実が理解できない。すこし乱暴な譬《たと》えでこの状況を説明したい。広域任侠団体（米国）の縄張りが縮小している。そうなると直参の組（日本、ドイツ）による本部への上納金が増える。また本部当番の回数も増える。しかし、こういう現象が起きるのは広域任侠団体が弱ってきているからだ。

米国が急速に衰退した結果、グローバルサウスと呼ばれる諸国の力が強まっている。これら諸国は米国流の価値観（特に民主主義）を好まない。また価値観に替わって地政学が重視されるようになる。地政学の本質は、帝国主義国間の力の均衡モデルだ。現状が自国の力を正当に反映していないと考える国家は、武力で均衡点を変えようとする。こういう国際環境の変化に我が国は投げ込まれているのだ。

我々は、日本の国力を過小評価する傾向がある。しかし、客観的に見れば、日本は帝国主義的な勢力均衡ゲームのプレイヤーとしての地位を保っている。言い換えると日本も新しい国際秩序を形成する能力を持つのである。さらにこのゲームに北朝鮮とロシアも加わっている。ただし20年前と比較して、米国、日本の国力は弱くなり、中国、北朝鮮、ロシアの国力は強くなっている。この状況で南西諸島（沖縄）方面の緊張が増しているのだ。

とは言っても、第二次世界大戦後の基本的なゲームのルールが崩れたわけではない。日本にとって米国が唯一の（軍事）同盟国であるという状態は変わらない。しかし、同盟国である米国も揺れている。2024年11月の米大統領選挙でジョー・バイデン氏が再選されるか、ドナルド・トランプ氏が返り咲くかで国際秩序は著しく変化する（筆者はトランプ氏が大統領になった方が国際秩序は安定すると考えている）。米国の都合に付き合って事態を放置しておくと、緊張が臨界点を超えて戦争になる危険がある。だからそれを阻止するために日本人自身が知恵を働かし、行動しなくてはならない。こういう思いから、インテリジェンスの名著である大橋武夫『謀略』（時事新書、1964年）を復刊することにした。本書で展開されたインテリジェンスのノウハウが21世紀の国際情勢を読み解くのにとても役に立つからだ。

大橋武夫氏（1906年11月18日～1987年7月13日）は、旧大日本帝国陸軍が生んだ傑出したインテリジェンス・オフィサーだ。大橋氏の兵科は砲兵であるが、天賦のインテリジェンスの才能があったのだと思う。1944年8月から東部軍参謀として米軍の上陸作戦に備えた。大本営は米軍は九十九里浜に上陸すると決めてかかっていた。物量作戦主義の米軍遠征で艦船を泊めることができない九十九里浜ではなく、相模湾から上陸するとの見立てをした。その結果、1945年4月、当時中佐だった大橋氏は相模湾を担当する第五十三軍参謀になる。

このような卓越したインテリジェンス能力を大橋氏は、戦後、企業経営に活かした。「兵法経営」と呼ばれた大橋氏の手法が現在も通用するインテリジェンスを用いた経営論だ。

大橋武夫氏の御令嬢で著作権継承者である佐藤紀子氏が本書の再刊を認めてくださいました。深く感謝申し上げます。本書を上梓するにあたっては時事通信出版局の坂本建一郎氏、高見玲子氏が協力してくださいました。深く感謝申し上げます。

2024年1月3日、熱海にて、

佐藤　優

1966年当時の大橋武夫氏

目次

編集にあたって――

(1)本書の底本には『謀略』(昭和58〈1983〉年2月1日12刷)を使用しています。

(2)本書には、現代では分かりにくい言葉や、不適切と思われる表現がありますが、時代背景や著者の意図、作品の価値を考慮し、原文のまま掲載している場合があります。

(3)原文にある明らかな誤植や、事実関係の誤りは訂正しました。また、著者が遺した原本にある指摘を一部反映させています。

(4)漢字と平仮名の使い分けは原文の通りとし、送り仮名は一部付け加えました。

(5)本文中にある注(**注・**)は底本のもので、*を付けて欄外に記した注(傍注)は復刻新装版のものです。

(編集部)

謀略

現代に生きる明石工作とゾルゲ事件

大橋武夫

まえがき

日本はあまりにも要域にある。そして日本人は国際謀略に弱すぎる。

アジア・アフリカ諸国で行なわれていることや、明石元二郎大佐やリヒアルト・ゾルゲの工作は、現在の日本でも行なわれる怖れが十分ある。

イルカの群れを浅瀬に追いつめた漁師たちは、一斉に海中にとびこんでイルカを抱えこむ。人肌にふれたイルカは不思議におとなしい。漁夫は短刀をふるってイルカの頸動脈を切断して一挙に血を流し出してしまう。血がなくなりそうになると、これは変だ、とすべてのイルカが思い出したように暴れはじめるが、すでに手おくれで、これが断末魔のあがきとなる。

私は伊豆の海岸に立ってイルカ漁を見、謀略にかかった国や会社の最後を思った。私は謀略に関する諸先輩の名著を並べて考えることにした。それがこの本である。

本書の著作について御指導をいただいた、高島辰彦氏、倉橋武雄氏、不破博氏および刊行にお骨折り下さった時事通信社出版局次長土子猛氏・局員岡田舜平氏の各位の御厚志は感謝にたえない。

昭和三十九年十一月十日

大橋武夫

左記の資料と名著を、参考とし、引用させていただいた。

参謀総長に対する明石大佐の復命書
陸軍大学校における謀略の研究
明石元二郎（小森徳治著、台湾日日新報社発行）
ソビエト同盟共産党歴史（ソ同盟共産党中央委員会編集）
ロシヤ革命夜話（内山敏著、萬里閣発行）
ゾルゲ事件（尾崎秀樹著、中央公論社発行）
赤色スパイ団の全貌（ウィロビー著、東西南北社発行）
日本戦史（参謀本部発行）
古戦史（陸上自衛隊第十師団司令部編集）
新書太閤記（吉川英治著、読売新聞社発行）
織田信長（山岡荘八著、講談社発行）
徳川家康（同　右）
孫子兵術の戦史的研究（大場弥平著、九段社発行）
権謀術数論（マキアベリ著、金生喜造訳・巣園学舎発行）

謀略
目次

（七） 謀略を考える 251

（一）ロシアをゆさぶった明石謀略

1　明石元二郎の略歴と内外情勢

年次	年齢	明石略歴	国内事情	国外情勢
一八六四		福岡市天神町に生まれる	蛤御門の変	朝鮮大院君政権を握る
一八六五	1			アメリカ南北戦争。リンカーン暗殺
一八六六	2	父二十九歳にて切腹する	長州征伐	マルクス国際労働会創立
一八六七	3		王政復古	フランス、カンボジアを保護国とす
一八六八	4		明治政府東京に進出	

一八六九	5	母とともに実家に寄食する	版籍奉還	スエズ運河開通
一八七〇	6		スウェーデン、ノルウェーと条約	普仏戦争始まる
一八七一	7		廃藩置県	仏のアルザス、ロレーヌ独領となる
一八七二	8		近衛兵をおく	ロシア人バクーニン無政府党創立
一八七三	9		六鎮台をおき、徴兵制度をとる	フランス軍、ハノイを占領
一八七四	10		台湾征討	
一八七五	11		千島樺太交換	
一八七六	12	上京し団尚静邸に寄食し、安井息軒の塾に入る	朝鮮と修好条約 神風連の変	イギリス、ビクトリア女王、インド女帝となる
一八七七	13	陸軍幼年学校に入学	西南の役	露土戦争
一八七八	14		参謀本部設置	ロシア虚無党、政府高官を暗殺す

一八七九	15		沖縄県をおく	ロシア虚無党、皇帝列車を襲う。
一八八〇	16			冬宮の爆破事件
一八八一	17	陸軍士官学校入学	国会設立、自由党結成	露アレクサンドル二世暗殺 パナマ運河工事始
一八八二	18		軍人勅諭下る	列国エジプト問題を議す
一八八三	19	陸軍士官学校卒、陸軍少尉、歩兵第十二連隊付		フランス軍、安南とマダガスカルを攻める
一八八四	20	歩兵第十八連隊付	朝鮮の親日要人日本に亡命	清仏交戦
一八八五	21		朝鮮と講和	
一八八六	22	戸山学校教官（歩兵戦術、体操、射撃）		ビルマを英領インドに併合
一八八七	23	陸軍大学校入学、陸軍中尉		仏領印度支那成立
一八八八	24		シャム（現在のタイ）と修好条約	ドイツ、ウイルヘルム二世即位

一八八九	25	陸軍大学校卒業、歩兵第五連隊付	帝国憲法発布	ブラジル帝国、共和国となる
一八九〇	26	参謀本部出仕	教育勅語下る	ドイツ、ビスマルク辞職
一八九一	27	陸軍大尉、参謀本部付	ロシア皇太子大津において津田三造にさされる	露仏親交始まる シベリア鉄道着工
一八九二	28	結婚	条約改正工作始まる	
一八九三	29			フランス、シャムと戦う 東部シベリア鉄道開通
一八九四	30	ドイツ留学	日清戦争始まる	ロシア、ニコライ二世即位、 フランス、カルノー大統領暗殺
一八九五	31	近衛師団参謀として大連、台湾に出征		露仏同盟、英露協商、キューバ遂にスペインに反す
一八九六	32	川上参謀次長に随行、台湾、安南、東京（トンキン）、南部中国地方に出張	日露協商	フランス、マダガスカル占領、イギリス、エジプト攻略

一八九七	33		スウェーデン、ノルウエーと条約	ドイツ、膠州湾占領。フィリピン再びスペインに反す
一八九八	34	フィリピンに出張、西比戦争視察	フランス、シャム、アルゼンチンと条約	米西戦争後アメリカはフィリピンとハワイを併合 ドイツは膠州湾、ロシアは関東州、イギリスは威海衛を租借
一八九九	35	参謀本部部員	川上操六大将死す	義和団事件。スペイン、キューバを放棄。南阿戦争 ハーグ平和会議
一九〇〇	36	清国出張、陸軍中佐		清国義和団、北京の各国公使館を焼く。連合軍北京占領
一九〇一	37	駐仏公使館付武官	星亨暗殺、福沢諭吉死	シベリア鉄道ウラジオストックに達す。モロッコ、フランス領となる
一九〇二	38	駐露公使館付武官	日英同盟成立	キューバ共和国（宗主権在米）成立

一九〇三	39	陸軍大佐		ロシア軍奉天を占領
一九〇四	40	参謀本部付、欧州差遣	日露開戦 日韓議定書なる	
一九〇五	41	帰国	日露終戦	

工作大観

ロシア全土を包んだ、明石の謀略網

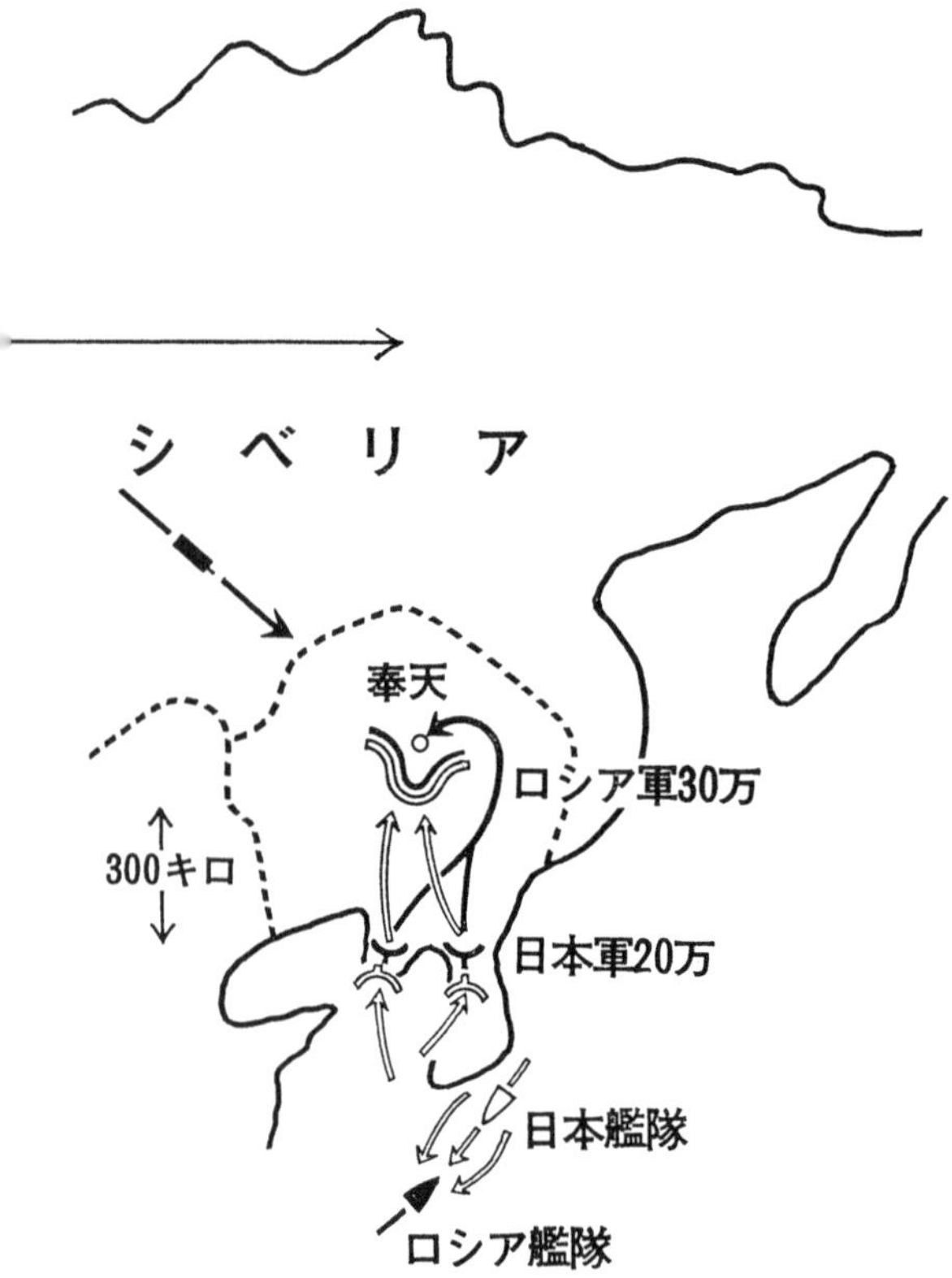

第1図　明　石

ストックホルム
フィンランド
7000キ
ペテルブルグ
明石
ロシア政府
ロ　シ　ア
モスクワ
ポーランド
キエフ
コーカサス
オデッサ

2

明石謀略の概観

一九〇五年（明治三十八年）九月五日、日露講和条約がめでたく調印されたとき〝長蛇を逸す〟とくやしがった男がいる。明石元二郎である。彼は陸軍大佐として、開戦前からペテルブルグ*で駐露国公使館付武官をつとめ、開戦とともにスウェーデンのストックホルムに根拠を移し、欧州各地を縦横に活躍して、対露謀略工作に心血を注いでおり、齢四十の働き盛りであった。

ロシアという国は、侵略されても敗けない国である。ヒットラー*には国内深く進入された。ナポレオンにいたってはモスクワまで占領してしまったが、ロシアは頑として降伏しなかった。それが日露戦争では日本に敗けたのである。日本陸軍は奉天会戦*で大勝したとはいうものの、ロシアにとっては、占領した中国の領土を僅か三百キロ日本にゆずったにすぎない。ロシア自身は痛くも痒くもない。日本海海戦でロシアのバルチック艦隊は壊滅したが、勝った日本海軍はバルチック海（バルト海、ペテルブルグ付近の海）まで進攻して、ロシアの首都を脅かす力はなかった。ロシアは、和平交渉に応ずる必要はなかったはずである。

日露戦争でロシアが手をあげたのは、満州や日本海における陸海軍の敗戦が大きな原因をなしているが、それよりもさらに大きく、直接的な原因は、国内革命がおきそうになったことである。対露謀略主任の明石元二郎大佐（後の大将）が、参謀総長の密命をうけて渡欧し、ロシア共産党に工作して、農民労働者の暴動、水兵の反乱、在郷軍人の召集拒否連動などを扇動するとともに、ロシア政府の極東における軍事政策の失敗を鳴らして、政府の転覆を図ったのである。ロシア共産党も明石大佐にだまされたわけではない。彼らは当時から今日のようなソ連をつくることを念願しており、そのためロシア帝国の敗戦を必要としていたのである。この明石工作に感嘆したのは、当時のドイツのカイゼル、ウイルヘルム二世*で、「明

ペテルブルグ――サンクトペテルブルク。１７０３年、ネバ川河口の沼地にピョートル１世が建設を開始し、ロシア帝国（帝政ロシア）の首都となる。その後、ペトログラード、レニングラードと改称され、１９９１年のソ連崩壊後にサンクトペテルブルクの名称が定着する。

ヒットラー――アドルフ・ヒトラー（１８８９～１９４５）。ナチス・ドイツ総統。ここでは、第二次世界大戦下の１９４１年６月にナチス・ドイツ軍がソ連に侵攻して始まった独ソ戦を指す。

奉天会戦（ほうてんかいせん）――１９０５年２月22日から３月10日にかけ、満州の奉天（現在の瀋陽）近郊で行われた当時史上最大規模の会戦。本書ではロシア軍30万人、日本軍20万人とされているが、それぞれ32万人、25万人と言われており、著者の原本でも赤字で訂正されている。

石一人で、大山満州軍二十万に匹敵する戦果をあげた」といい、次におこった第一次世界大戦ではこの手をまねて、ついに帝政ロシアを崩壊させた。

明石工作は理想的に行なわれて成功した、謀略のモデルケースである。そして大衆を動員し、組織的に行なわれた点に特徴があり、そのまま現代に通用する。

参謀本部に提出された明石大佐復命書により、彼の工作のあとをたどってみよう。

3――明石はロシアを研究した

明石は長いことかかって、徹底的にロシアを研究した。

東方よりの観察

一八九六年（明治二十九年）参謀本部部員となり、同年九月参謀次長川上操六《そうろく》中将に随行して台湾、仏印（ラオス・ベトナム・カンボジア）、タイ、南部中国を視察し、その間、国際情勢の将来について大いなる示唆を受けた。また明治天皇の「台湾は東洋平和の心臓部である」という言葉は彼に深い印象を与えた。

一八九八年（明治三十一年）の米西戦争にあたっては、マニラに派遣せられ、戦争の渦中においてアメリカのやり方を研究している。これは日露戦争末期におけるアメリカの出方を判断するに役立った。

一九〇〇年（明治三十三年）北清事変において、北京陥落するや、現地に派遣せられてロシア側との交渉にあたり、さらに北京政府の不許可を押しきって、山海関を抜けて錦州まで行き、ロシア軍の状況を見ている。

西方よりの観察

一八九四年（明治二十七年）陸軍大尉としてドイツに留学、一九〇一年駐仏公使館付武官としてフランスに勤務し、ドイツ語、フランス語およびロシア革命思想の源流をなす独仏両国の思想を勉強し、なお西欧諸国のロシア観を通じて熱心にロシアを研究した。

ロシア国内での観察

一九〇二年（明治三十五年）八月十五日駐露公使館付武官に転じたが、この頃極東の風雲

カイゼル――ドイツ語で皇帝のこと。カイザーとも。

いよいよ急であり、彼は例によってまずロシア語、ついでその国情の研究調査に没頭した。時に三十八歳、陸軍中佐である。

この時の勉強ぶりは助手の塩田少佐が一室に同居起臥しておりながら、「明石中佐が寝たところを見たことがない」と歎いたほどであり、栗野公使は「公務にさしつかえる」とこぼす始末であった。明石の研究を助けた人に当時の留学生上田仙太郎があり、彼は戦時中ひきつづき助手として活躍している。

明石はペテルブルグ滞在中、忠実なロシア人老婆一人をやとって、家事万端まかせきって暮らしていた。この婆さんははなはだ欲張りで、日用品を水ましして買い入れて、その余分を近所の奥さん達に売りつけて儲けていた。友人がこれを知って忠告しても平気で使いつづけ、逆にチョクチョク国内事情探知の手先にしていた。別にペテルブルグ郊外の農家の一室を借りておいて、休日ごとに出かけ、瞑想したり勉強したりした。ロシア語研究のためには大学生ブラウンを家庭教師とし、むずかしいロシア語を七、八カ月で相当の会話ができる程度にこなしてしまった。そしてその会話の間に、大学生や地方の有力者に、現政府に不満な者が相当いることを判知した。

一九〇三年（明治三十六年）春フィンランド（当時ロシア領）地方で、その地の不平分子を国外に追放することとなって、騒動がおこったので、明石はこの機に乗じて現地に潜行し、不平党の首領と接触しようとしたが、当時の彼のロシア語は、こんな大事を行なうにはあまりに貧弱だったのでひとまず思いとどまった。しかし当時のおもだった幹部の名は、しっかり覚えこんでしまった。

彼は情報収集のためにはあらゆる機会を捉え、どんな小さなことも見逃さなかった。

一九〇三～四年の頃、バログドガランダと称する露都永住のオーストリア人（?）が突然栗野公使に面会を求めてきたが、公使は紹介者がないとて面会をさけ、秋月書記官と丸毛書記官が相手になったが、両書記官ともロシア語にもドイツ語にも通じなかったので話がすすまなかった。かねてチャンスを狙っていた明石は、何かヒントをえられるかも知れないと、さっそくとって代わって相手となった。しかし彼も一通りの人間でなく、明石の服装や態度がスマートでないので馬鹿にして多くを語らない。明石は「私は武官である。あなたは私を誤解しているのではないか」というと、彼ははじめて納得していろいろ話しだした。結局は革命党に関する情報の売りこみで、大して実のある話ではなかったが、ありがたい様子を見せて金を与え、その後親交の態度を示して頻繁に交渉をつづけた。そのうちに、彼が革命党員ではなく、つまらない男だということがわかったが、しかし革命党の内容がだんだん明らかになってきた。特に先日フィンランドまでとんで行って会いたいと思った不平党の首領カストレンがストックホルムにかくれているということがわかったのは大収穫であった。

明石のロシア研究の結論

明石の対露政治謀略工作は、彼のロシアの体質研究に源を発している。彼は日露開戦に備えて、ロシアの歴史と成り立ちの研究にうちこんだ。その結果は要約されて、参謀本部への報告となっており、これには左記のことが浮き彫りにされている。

(1) ロシアの支配層は人民から浮きあがっている。

イ　ロシアの政権は宮廷にあったが、その宮廷の支配者は各種の外来民族で、人民とは全然別階級をなしていた。

ロ　ロシアの政権は常に変転し、争奪をくりかえしていた。

ハ　尊敬に値しない者がしばしば帝位についた。

ニ　宮廷は陰謀悪徳の巣であって、支配者たちは内部争いに憂き身をやつし、人民のことを顧みなかった。

ホ　支配層は横暴で、腐敗していた。

(2) ロシアの国土は荒涼としている。

イ　ロシアの気候は寒く、豊饒な土地が少ない。

ロ　土地は荒漠たる荒地が多く、地形にまとまりがない。すなわち局地的に安全を保てるような地勢でないので、一つの地方は常に他の地方からの侵略の危機にさらされている。

(3) 人民は革命工作に弱い。

イ 貧しい。

ロ 体力は強いが文化の程度が低い。

ハ デマを信じ、扇動に乗りやすい。

ニ 多数の民族が混在していて、和合していない。

ホ 為政者を信頼していない。

ヘ 人民の間には、革命機運が醸成されつつある。

(4) 政治体制は脆弱である。

イ 古来他民族からたびたび侵略征服され、しばしば支配民族が交代している。そして、前の支配民族は次等の地位に下がってひきつづき土着し、諸侯としての勢力を保っている。

ロ ロシアが国家としての体制をととのえたのは比較的新しく、わが国の徳川幕府程度の歴史しかなくて、基礎が脆弱である。

ハ 純ロシア民族のスラブ族（奴隷の意）の占領した地域はロシアのほんの一部で、フインランド、ポーランド、コーカサス等の侵略併合された地域の人民は、中央の圧制を恨み、好機あらば離反しようとしていた。中央政府はこれら侵地を相互に争わせるような政策をとったため、ロシアは政治的に不一致であった。

二　徹底した専制君主制で、暴政をつづけたため、人民が文化にめざめるとともに外来の革命思想が蔓延しはじめた。

明石は従来の他の方面の研究で〝ロシアは、力をもって破ることができない〟ということを認め、今度の研究によって〝ロシアには、謀略工作を施す余地が十分ある〟と結論した。明石はロシアの歴史の研究および現状分析により、右に述べたような結果を得て、ロシアという国は、微弱な点火によっても直ちに大爆発を起こすべき、必然的な欠陥を抱いているものと判断し、彼の希望する謀略は必ず成功する！　との確信をつかんだ。彼の工作の第一歩はここに始まっている。まことに謀略は謀略される者自身の罪である。

明石の研究したロシア歴史の摘録

世界に比類のない大領土をもつロシアは、また世界に比類のない奇妙な歴史をもっている。帝制時代のロシアは外見は堂々としていたが、内容は要するに無茶苦茶である。次にその代表的なものを摘録してみる。

○多数の民族が集まっている

本来の住民はスラブ族であるが、これはノブゴロドを北端とし、キエフ（キーウ）、オデッサ（オデーサ）、ブスチュル南岸にわたる細長い地域にすんでいるにすぎず、欧露の北部にはフン族、南部にはフン族とトルコマンとの混血民族、東南部ドン地方にはギリシャ種族、バルチック沿岸にはレットン（ラトビア）民族がいる。

○征服・被征服

西暦四〇〇年頃にはアジアの遊牧民族フン族、九〇〇年頃にはスカンジナビア半島の野武士のような流浪民族ワリヤーク族、一二〇〇年頃には蒙古におこった元がそれぞれロシアを侵略し、在来民族を征服した。征服された在来民族は、滅びたり、国外に去ったりせず、一段下って土侯となり、征服者に仕えて存続した。したがって、ロシアには常に多くの民族が混在するだけでなく、征服・被征服の複雑な関係が累積している。これをさらにめんどうなものにしたのは、ロシア政府の、毒をもって毒を制する方法（ポーランドに反乱があればユダヤの軍隊で鎮圧させせた）である。その結果、国内の各民族がたがいに仇敵のように思って闘争し、ついには共同の敵と結ぶようになってしまった。国内の団結をはかることは非常にむずかしい国である。

なお、スラブの語源が、スレーブすなわち奴隷であり、農民をクレスチャーニン（キリスト教徒）、ダッタン（タタール）民族の子孫をクニャージ（公爵）ということなどは、征服・被征服の歴史を物語っている。

○真の闇時代

イワン四世の子フョオドルが暗愚なのに乗じ、皇后の兄ボリス・ゴドノフは一五九八年に王を殺して王位についたが、この王が死ぬと、世界史に類をみない奇怪な時代が来た。

まずドミトリーという者がポーランドで「おれはイワン四世の遺子だ」といって兵をあげ、モスクワを占領して、帝位についた。彼は本名はラピエトロフといい、モスクワの教会から破門追放された僧である。

まもなくワシリー・ショイスキーというものが暴動をおこしてドミトリーを廃すると、群集はまた歓呼してこれを帝座にむかえたが、そのうちに「ほんもののドミトリーが出てくる」という流言の後から「われこそ真のドミトリーである」という者が現われ、浮浪人を集めてモスクワに進撃し、皇帝ワシリー・ショイスキーを追って帝位についた。この混乱に乗じ屠牛業者ミーニンが、市民の支持を得て兵をあげ、第二のドミトリーを追放して帝位についた。わけのわからない時代である。

○戦利品から成りあがったエカテリーナ一世

一七二五年帝位についた彼女はもと奴隷である。バルチック沿岸地方を討伐したシェルメッチェフ大将は、彼女を捕えて妾としていたが、後にメンシコフ元帥に贈り、元帥はさらにピョートル大帝に献じた。帝なきあと、皇后エカテリーナは、氏なくして帝位についたのである。

○乱倫不貞なエカテリーナ二世

一七六二年エリザベータ女帝の後をついだのは、姉の子で、ホルスタインからきたピョートル三世である。彼の皇后も外国人で、アンハルト公国の出身である。帝は彼女を好まず、退けようとしたので、彼女は情人オルロフと図って、クーデターをおこして帝位につき、郊外に避暑中の帝を捕えてプロシャに送り、殺してしまった。

その頃同地近くの牢獄には、さきに、エリザベータ女帝に追われたイワン六世がいた。ロシア皇帝はあいついで国外に追われ、その外国人であり、情人と通ずる皇后のために帝位を奪われたのである。

彼女の時にモスクワに流行病騒動がおこった。神に祈って悪疫からのがれようとした民衆が教会に集まり、野宿の大群ができてしまった。僧正は、この群集はかえって伝染病の巣になると怖れ、神像を他に移し、彼らを退散させようとした。民衆はこれを怒り、暴動をおこして僧正を殺し、暴行を働き、モスクワ全市は数日にわたり騒乱の巷と化した。

これに誘発されておこったのがプガチョフの反乱である。彼はシベリアから脱走してきたコサック兵であるが、「私はピョートル三世である。私を放逐した悪い妻を討つ」と宣言して兵をあげた。付近の農民や浮浪者が例によって付和雷同して、ボルガ流域地方を占拠して猛威をふるい、討伐軍も手がつけられなかった。

つぎにはいろいろな人物が現われた。「われはイワン六世だ」というもの、「われこそはピョートル三世なり」と自称するもの、「われは皇太子パベルである」「真のプガチョフはおれだ」と、めいめい勝手放題な声明を発して反乱がつづいた。これが一七〇〇年代後期のロシア国内情勢だったのである。

○現帝ニコライ二世（在位一八九四－一九一七年）

帝はフィンランド露化政策をとったり、アルメニアで寺領を没収したりして、人民の怨みを買うことが多かった。一九〇〇年には児戯に類する学生運動を威力弾圧して騒乱を招き、自由党の首領ストルーべらを追放するにいたった不手際があったが、まだ不平党のために政府の威信を傷つけるまでのことは現われなかった。しかし内面的には、革命機運が逐次醸成されており、モスクワ（風に吹きよせられて、水面にたまった塵埃）のつまった絹の座蒲団にすわっているような状態で、日露戦争をむかえた。

ロシアの社会制度——ソ連共産党史より——

ロシア経済の基盤は貴族地主の経営する農奴制農業で、労働生産性が低くて収益が少ないので、一部の者が富めば大衆は極度の貧困になるのは自然の理であった。ツァー*政府はクリミア戦争後の農民一揆の圧力にまけて、一八六一年農奴制を撤廃したが、農民はイスポル労働といって、収穫のイスポル（半分）しか収得できず、実質的には農奴制下同様の苦境にあった。農村から落伍した者は都会に出たが、資本家に足許をみられて非常な低賃金で働かされた。ツァー政府はこの社会制度を維持するため軍隊の圧力をバックとする厳罰をもっての

ツァー——皇帝（君主）のこと。ツァーリとも。

ぞみ、農民と労働者はすべて悲惨な生活に呻吟し、政治上のいかなる権利ももっていなかった。人民にとっては、ツァーの専制制度は最も兇悪な仇敵に思えたのである。

ツァーのロシアは他の諸民族の牢獄でもあった。多数の非ロシア民族は一切の権利を剝奪され、あらゆる侮蔑を常にうけていた。ツァー政府は、各地方に住む土着民族を劣等な人種とみなす風習をつくり、彼らを公然と〝異民族〟とよんだ。また意識的に各民族相互が反目するような政策をとり、甲の民族を乙の民族にけしかけ、ユダヤ人に対して虐殺や略奪を行なわせ、後コーカサスではタタール（アゼルバイジャン）人とアルメニア人に殺しあいをさせた。

諸民族地方では民族語の使用を禁止し、ロシア人で全要職を独占し、民族文化の絶滅政策をとった。ツァー制は非ロシア民族に対する暴君であり、死刑執行人だといわれたほどである。

明石の研究したロシアの不平党

〔ロシアの革命思想の発生と成長〕

アレクサンドル一世（在位一八〇一―二五年）の対ナポレオン戦争は、ロシア人に、フランス革命で爆発した自由思想に接する機会をあたえた。激しい勢いで流れこんできたこの自由思想は、当時文化的に幼稚で、しかも歴代の暴政に苦しんでいたロシア人にふれると、猛烈に反応し、一段と過激な革命運動をまきおこした。

一八一六年にはフリーメーソン同済主義の結社が生まれ、一八二二年になると、さらに急激な二派が生まれた。一つは北社で、本拠を首都ペテルブルグにおき、トルベツコイ公爵が指導した。他は南社といい、本拠を小ロシア（ウクライナ）におき、ペステリ大佐が指導者である。その主義は共通で、ロマノフ帝室が存在する間は、自由と共和が行なわれないから、これを滅ぼし、その血統を帝座より一掃することを当面の急務とした。これらの主張が行動に現われたのは、北社のデカブリストの乱と南社のペステリ大佐の乱が最初である。

○デカブリスト（十二月党）の乱

ニコライ一世（在位一八二五－五五年）の兄コンスタンチン大公は、自らの意思で弟に帝位をゆずったのであるが、一八二五年十二月十四日*、急激党北社は軍隊を扇動して乱をおこした。「皇兄コンスタンチンはポーランドで幽閉されている。兄を強迫して皇位を奪ったニコ

十二月十四日――ロシア革命後（1918年1月）まで用いられたユリウス暦による。グレゴリオ暦では12月26日。

ライを滅ぼせ」と宣伝し、首都の民衆を動かして暴動し、大僧正や知事を殺したが、軍隊によってようやく鎮圧された。民衆はコンスチトゥーチア（憲法）をコンスタンチン大公あるいはその妃のことと思いこみ、コンスチトゥーチア万歳とコンスタンチン万歳の声がいりみだれてとんだ。憲法にあこがれていた群集は異様な昂奮状態におちいり、夢我夢中で騒動をおこしたものである。

○ペステリ大佐の乱

同時に乱をおこしたペステリは、十二月十三日（グレゴリオ暦十二月二十五日）に捕えられて刑死されるにのぞみ、「一心に国を思えば、革命をえらぶよりほか道はない。われわれはここで死ぬが、後世必ず義人がおこる」と叫んだ。彼の予言のとおり後年盛んに行なわれた虚無党の説（ニヒリズム）は、すべてペステリ大佐の流れを汲むものである。

虚無党は一八七九年に社会革命党と社会民主労働党に分かれた。いずれも秘密結社で、前者は無政府主義（アナーキズム）を奉じ、とくに露土戦争（一八七七年）後は活発に行動して暴動やテロを盛んに行ない、ペテルブルグの冬宮の爆破、モスクワ皇帝車の転覆事件をおこし、一八八一年（明治十四年）には、ついに皇帝アレクサンドル二世を爆殺してしまった。チャイコフスキー、デカンスキー、ソースキースらが幹部である。後者は暴力を否認する純然たる社会主義（ソシアリズム）を奉じ、レーニン、*プレハーノフらが指導者になった。

〔日露開戦時のロシア不平党〕

○ロシア社会革命党―虚無党の甲派で、最も過激な党である。農民工作に重点をおき、テロ手段を好んで使う。

○ロシア社会民主労働党―虚無党の乙派で、工場労働者工作を主とし、暴力を使わない。

○ロシア自由党―貴族、学者の上中流の人士の集まりで、共和制度を主張し、言論を主用する。

注・甲乙両派は不平党中の最大勢力で、その組織拡大工作は、猛烈巧妙をきわめ、政府の根城たのむ軍隊内にも組織的に浸透していた。社会民主労働党のビラを読んでいた兵が、将校に見つかってあおくなっていたら、意外にもこの将校は彼より過激な社会革命党員だとわかって、安心したという話もある。

○ブンド党―ユダヤ労働者の秘密結社で、社会主義を奉じ、ユダヤ教徒の境遇改善を主張する革命党である。

○アルメニア党―ダシュナク党ともいい、国民社会党である。暴力革命によって、完全な自

レーニン――ウラジーミル・レーニン（1870〜1924）。ソ連建国の父。1917年の社会主義革命を成功に導いた。

シア国内不平党所在図

N
1
1500万
革　ロシア社会革命党
民　ロシア社会民主労働党
自　自由党
ブ　ブンド党
フ憲　フィンランド憲法党
フ急　フィンランド急進反抗党
ポ国　ポーランド国民党
ポ社　ポーランド社会党
ポ進　ポーランド進歩党
スクワ
ロ　シ　ア
カスピ海
ジョージア
バトゥーミ
バクー
アルメニア
アルメニア

第２図　日露開戦時のロ

フ憲
フ急
ヘルシンキ
自
ペテルブルグ
ブ
民
革
バルト海
ストックホルム
リガ
ラトビア
革
白ロシア
ミンスク
ポ国
ポ社
ワルシャワ
ポ進
ベルリン
キエフ
小ロシア
オデッサ
セバストーポリ
黒

治を獲得しようと主張する。
○ジョージア党―チフリスおよびバトゥーミを根拠とし、テロ手段を主用する。ジョージア地方の完全自治を暴力革命によって得ようと主張する。
○ラトビア党―バルチック海沿岸地方の過激党で、民族自治を主張する。小党ながら、行動は活発である。
○フィンランド憲法党―最近ロシア政府のフィンランド露化政策によって、自治、特に憲法を無視されそうになったので、ロシア自由党の急激派と組んで、憲法を守るための反ロシア運動を展開している。
○フィンランド急進反抗党―実力行使により自治権を守ろうとする過激論者で、ロシア社会革命党の一派にもなっている。フィンランド、ポーランド、コーカサスの各党単独では、政府を動かせないから、純ロシア人の革命者と協力しようと主張する。
○ポーランド国民党―上流階級の者および農民の党で、文学言論を主な手段とする。ロシア政府を仇と怨んでいるが、行動はあまり過激ではない。
○ポーランド社会党―工場労働者を主体とする過激派である。自治制を主張し、大きな勢力をもっている。
○ポーランド進歩党―国民党と社会党のそれぞれの一部が連合してできた一派である。

○小ロシア党―小ロシア（ウクライナ）民族の再興をはかるのを目的とし、所属人員が多く、包含地域の広大なのが特徴であるが、組織はまだよくできていない。
○白ロシア党―白ロシア（ベラルーシ）地方の自治を狙う社会党である。
○その他―タタール民族、回教徒団体、旧教徒団体等、専制政府に反抗する小種族、小党派は無数にあった。

4 明石とともに活躍した人々

(1) 社会革命党系

チャイコフスキー（純露人） 最も過激な無政府主義者、各革命党人中の長老で、まとめ役であり、総務委員の一人である。彼の率いるチャイコフスキー派からは、冬宮爆破事件の首謀者セリヤボフ、モスクワの皇帝車転覆事件の首謀者ハルトマン、アレクサンドル二世の暗殺者ソフィア・ペロフスカヤらの門下生が出ている。

クロポトキン公爵（純露人） 最も過激な虚無主義者、旧チャイコフスキー派の幹部で、哲学者であり、理論的無政府主義者で、著書も多く、日本の思想界にも大きな影響を与えている。異教徒の虐待に関しトルストイと共同論陣を張ったことがある。フランスに亡命中の彼を仏外相フレシネが保護したということで、露仏同盟がなかなか成立しなかったことは有名である。彼は次第に暴力を好まなくなり、日露戦争時の不平党運動には直接関係しなかったが、チャイコフスキーの老友として、後記のチェルケソフとともに、この運動の隠れたる支援者であった。

シリヤクス（フィンランド人）　彼はその声望と地位と熱意とをもって、戦時の不平党運動の中心人物として大活躍をした人で、明石の心の友である。元判事で、弁護士と著述業をかね、夫人はアメリカ生まれで、パリ社交界の花形である。フィンランド秘密結社中の最過激派の急進反抗党の首領である。一九〇四年パリ連合会の発起人であり、議長であった。

デカンスキー（純露人）　最過激組の一人で、社会革命党の総務委員兼ボエバヤ・トルージナ（戦闘群長）である。彼は国内各地を神出鬼没に行動しており、同僚でも彼が何をしているかよくわからないほどである。デカンスキーという名も偽名だという説がある。

肥満した堂々たる体格で、沈着大胆、実行力猛烈で、国内革命党中最も勢力のある実力者である。彼はモスクワ親王や内務大臣暗殺の主謀者で、戦時中黒海艦隊におこった反乱も、彼の指導のもとに、その門下たるオメルチュークとフェルドマンとが軍艦ポチョムキン号内にあって、水兵たちを扇動しておこしたものである。二人のうち前者は殺され、後者は捕えられて行方不明になった。明石はこの工作のためデカンスキーに四万円渡しており、この二人のことについては終世痛心し、何とか面倒をみていたようである。

チェルケソフ（コーカサス人）　クロポトキン公爵と老友の間柄で、著書多く、その学説は多くの政治哲学論に引用されている。革命運動の間接援助者たる元老組の一人である。

プレシュコフスカヤ（純露人）　旧チャイコフスキー派の最も過激な一人である。一九〇五年ジュネーブ連合会の議長をつとめた老女傑である。

セミヨーノフ（純露人）　本来ロシア社会革命党員であるが、フランスに帰化した。パリでロシア政府に反抗するロシア人民同情会を作ってその幹事となる。後年ロシア政界の首脳者となる。

フンホフスキー（純露人）　旧チャイコフスキー派に属し、革命党総務委員たる長老である。

ゴッズ（純露人）　党の要人である。一九〇三年ロシア皇帝がイタリア皇帝を訪問せんとしたとき、彼はイタリア社会党に工作して反対運動をおこし、ためにロシア皇帝はダルムシュタットより引き返すにいたった。

ガポン僧正（純露人）　革命をとなえていたが、社会革命党にも社会民主労働党にもはっきりとは所属していない。ただロシア首都の労働者社会の布教師として両派から尊敬せられていた。

一九〇五年のガポン騒乱は結局失敗したが、宮廷まぢかに迫った彼の暴動は内外に非常な衝撃を与え、彼の名は一躍して全世界に有名になった。その後もガポンノツィ（ガポン主義者）という労働者団体を率いて猛烈な活動をつづけたが、戦後政府の工作員であることが暴露して、反政府党員に誘殺された。当時のロシアにはこの種の人間が多かった。

その他　明石と親交のあったヒルコフ公爵（兄は当時逓信大臣）、チャイコフスキーのよき補助者ソースキース、パリ常置員ルバノウィッチ、シリヤクスの急進反抗党の副首領ビクトル・フルヘルム（元判事、現弁護士、フィンランド追放者）、ウォルフ（元イギリス名誉総領事、現フランスにあるオンフルー製紙社長）、爆弾製造技手ハルトマンらがいた。

(2)　社会民主労働党

プレハーノフ　党の幹部、機関紙イスクラ（火花）の社長。

レーニン　党の幹部、日露戦前より明石と交友あり、一日明石と大衆運動を論じ「大衆運動では決して武器を手にしてはならない。武器を手にしない暴動は、いかなる暴官憲も、どうすることもできない」と主張した。これは後年の彼のやり口に現われている。

彼は、目的のためには手段を選ばない、乱暴残虐の鬼のようにいわれているが、事実は主義に忠実で国家大衆のために一身を顧みない、純真な人間である。明石はレーニンの人物を高く評価し、将来革命の大業を達成するのはレーニンであろうと、親友にもらしていた。

マキシム・ゴーリキー（純露人） 日本でも有名な著述家である。マキシム・ゴーリキーは本名ではない。日本語に訳せば「大いなる悲哀」となる一種の雅号である。社会民主労働党員というより、むしろ民主、革命、自由の三党間を斡旋奔走する名士である。

(3) 自由党左派

ドルゴルーキー公爵（純露人） ルーリック王朝すなわちモスクワ開祖のロシア皇帝ドルゴルーキー家の当主で、ロシア第一の名家系の人である。この一族は宮廷の要職に多くついているにもかかわらず、彼は自由党左派の幹部で党を代表してパリ連合会議に出席している。

ストルーベ（純露人） 党の幹部でオスウォボジュデニエ（解放）の主筆である。パリ連合会議にも出席している。

ミリューコフ（純露人） 元モスクワ大学の教授で、パリ連合会議にはドルゴルーキーおよびストルーベとともに党を代表して出席している。自由党急進派に属し、社会革命党戦闘群の客員でもある。

明石と交友――現在ではレーニンとの交友はなかったというのが主流説（佐藤注）。

（4）　フィンランド不平諸党

シリヤクス（フィンランド人）　フィンランド急進反抗党の首領（前記）

カストレン（フィンランド人）　フィンランド憲法党の首領。祖国を追われ、スウェーデンのストックホルムに潜伏して、いろいろ画策していた。明石はかねてからこれを偵知していたので、日露開戦となるや、ただちにストックホルムを根拠地にきめ、到着その日にカストレンに連絡をとり、彼の紹介によってシリヤクスを知ったことが、明石工作成功の端緒である。

メッケリン　元セナトール（元老院）議員である。パリ連合会議で慎重論をとなえ、小銃五万挺を獲得できない限り、反乱に勝算なく、かえって自滅を招く、と主張し、シリヤクスらの急進派を分党させることになった。彼はその後もますます小銃入手工作に熱中し、明石の武器輸送船も彼の活動地域に銃器や弾薬を揚陸している。

グリッペンベルグ男爵　党の幹部である。日露戦争中の露軍の最大攻勢である、黒溝台の会戦の指導者グリッペンベルグ大将は、彼の従兄である。

その他　幹部級としてはロイテル博士（ロシアのヘルシングホルス大学教授）、プロコッペー弁護士、テスレフ参謀大尉、イグナチウス等がある。

(5)　ポーランド不平諸党

ドムスキー　ポーランド国民党の総務委員である。彼は満州遠征のロシア軍将兵に対し、日本に降伏せよと宣伝し、後に明石の斡旋で、日本に渡航している。

バリスキー　国民党の幹部。

ヨードコー　社会党幹部で総務委員、法学士、明石と密接な交渉があった。

マリノフスキー　総務委員、元鉄道技師。

ポール　ロンドンにおける同党の委員であるが、ポールは偽名で、本名は明らかでない。

スツデニッキー　イントランジーチャン党の首領で、明石に対し、スイスで数万挺の小銃が買えるという情報を提供した。

(6)　アルメニア党

ローレス・メリコフ公爵（アルメニア人）　アレクサンドル二世の宰相だったローレス・メリコフ元帥の甥で、この党の首領である。明石は彼によってアルメニア党を動かした。

マルミヤン　アルメニア党の幹部、総務委員、機関紙ドロシヤクの主筆。

ワランチヤン　アルメニア党の幹部、総務委員。

(7) ジョージア党

デカノージー(コーカサスのバトゥーミの人) 元宮内省書記官、総務委員、ロシア皇太后付きのシェルバシエチと親友で、その関係によって皇太后およびデンマーク皇太子(皇太后の弟)と連絡があった。

(8) ラトビア党

シンカ 党幹部。

トロイトマン 党幹部、元ウインダウ港(後日明石が小銃を揚陸した港)港務長。

バウマン 党幹部。

(9) 外人の不平党運動加担者

ディキソン(イギリス人) 酒屋を本業とするも、内密には革命党の資金委員、後に明石工作の武器輸送船の持ち主名義人となった。

モルトン(アメリカ人) 右輸送船の借り受け使用者となった。アメリカの無政府党員。

ボー(スイス人) 無政府党員、自動車商、富豪、後に明石工作の小銃二万四千五百挺をスイス軍造兵廠より買い入れることを斡旋し、成功した。

キーヤール（フランス人）　ロシア人民同情会員、ウーロペアンおよびフロアルメニアン紙の記者。

右のほか数百の幹部級の者があるが、彼らは互いに知ってはいても、最高幹部数人の他は顔はもちろん、居所行動もわからない。明石がある夕、ストックホルムのレストランで食事をしていたら、一人の老紳士がツカツカと近づいてきて、小声で「あなたは明石大佐ではないか」とささやいた。ギョッとした明石が、柳に風と何気なく話をかわしている間に、だんだん同志であることがわかってきて、ついには手をとりあって時局を論ずるまでになったことがある。彼らの交渉はたいていい、こんなふうにして、厳重な警戒のもとで進められていた。

5　シリヤクスと握手する

開戦時のロシア首都の状況（明石の補佐官、塩田少佐手記）

ロシア極東総督アレキシーフの電奏文〝旅順港外においてチェザレウィッチ、レトウィザン、パラーダの三艦が日本海軍の水雷のために損傷した件〟は二月九日ペテルブルグ新聞の朝刊に掲載せられ、午前十時頃さらに官報で発表された。この報が欧州に伝わると（ベルリンでは九日午前十時頃一号活字の号外を出した）これまで慎重な態度をとっていたドイツも、国民をあげて日本声援の態度をとり、オーストリア、イタリア、イギリス、スウェーデン、ノルウェー等は一斉に日本に同情を表明した。ロシアの首都は別に騒ぎはおこらなかったが、その近くの軍港クロンシュタットでは大騒ぎとなった。軍艦乗組員の家族らは死傷者の状況を確かめようと血相を変えて東奔西走し、後で死傷者の官姓名が発表されると、市街は泣きさけぶ者とこれをなぐさめる者とで大混乱をおこした。

丸茂書記官の家主の弟は海軍技師であったが、旅順港に転任する内命をうけて慌て出し、黒海方面に変えてもらうよう猛運動を始めた。

フランスはロシアと同盟していたので、政府は沈黙を守り、労働者やロシアの事業に投資している株主は落胆し、芝居その他の興行場の入りが悪くなった。しかし大衆は日本びいきであった。

欧州での日本品の売れ行きが急増し、絹物は開戦後数日で品切れとなった。ドイツ、オーストリア、イギリス等の日本公使館には、日本軍に従軍したいという志願者が続々きた。ポーランドのワルシャワの市民団体では、戦争が終わる日まで、毎月五万円ずつ日本に献金すると議決した。欧米各地のユダヤ人団体も非常に熱心に、日本のために募金運動を開始した。

このように列国が日本に同情したのは、従来のロシアの政策が嫌われていたのと、最小国の日本が、傲慢な世界最大国の海軍を、開戦劈頭撃破して顔色なからしめたことが気に入ったからである。このような欧州一般情勢は、明石の工作をどれだけ楽にしたか知れない。

日露開戦――ソ連共産党史より――

ツァー政府の宣戦をまたずに、日本は機先を制して戦争をはじめた。日本は、ロシア内に優秀な諜報網をもっていたので、敵がこの戦いに、まだ準備していないことを計算に入れていた。一九〇四年一月（グレゴリオ暦二月）、日本はロシアの旅順港要塞を急襲し、港内のロシア艦隊に重大な損害を与えた。（以下略）

駐露日本公使館は日露開戦とともにスウェーデンのストックホルムに移転し、公使館付武官明石大佐は移転とともに直ちに対露謀略活動を開始した。

スウェーデンは強国ロシアの強圧をうけ、表面従順にその意のままに動いていたが、決して心服はしていなかった。そして反動的に日本に好意をもち、わが公使館員一同が、ストックホルムに下車すると、これを歓迎して民衆が押しよせ、身動きができなくなるほどで、一同はびっくりした。そしてちょうど田舎の離宮に行くために駅に来られた皇帝は栗野公使に堅く握手し「私は何もいわないが、私の心はわかっているだろう」と激励し、公使の紹介により明石に握手したが、さすがに頑丈な明石の手も挫けそうであったという。

明石はロシア国内の不平分子と握手することを考え、その中枢人物を探した

明石がロシア不平党の巨頭を知り、彼らと交渉をもとうとしたのは、家庭教師である大学生ブラウンとの会話練習中にえたヒントによるものである。明石はストックホルムに到着するや即日その実行に着手した。彼はフィンランド憲法党の首領カストレンに手紙を送り会談を求めた。カストレンは弁護士を本職とし、不平党中の元老である。明石のやり方は常に大胆不敵である。不平党員ということがわかっていたとはいえ、一面識もない敵国人に、旅装もとかずに面会を求めることなど、常人のできることではない。明石は常に次のようにいっていた。「敵国人で、間諜になってくれるものを探すことは容易ではない。なってくれても、その人にその能力があるかないかは予知できるものではない。一か八か、目をつぶってとびこんで、当たってみるよりほかに方法はない」。明石はこれと信じたことは、単刀直入敢行し、その間いささかの術策も、ためらいも、うたがいもない。そしてそれで必ず成功している。

ところで非常な期待をもってカストレンの所へやった使者は空しく帰ってきた。「カストレンという人は確かにいた。しかし、彼は明石という日本軍人から手紙をもらう理由がない。人違いだろう、といって手紙をつっかえされた」と復命したのである。これにはさすがの明

石もがっかりして、ホテルの一室にとじこもって考えこんでしまった。

ところがその夕刻思いがけない一人の訪客があった。山高帽をかむり、白い髯をはやした堂々たる紳士である。彼は慎重に一つの封書を差し出した。中にはカストレンの親友コンニー・シリヤクスと書いた名刺があった。そしてカストレンの伝言として「先日ベルリンよりの、そして先刻使者のもってきた手紙は確かに拝見しました。しかしあなたは誰の紹介でカストレンを知りましたか？　また先刻の使者は信頼できますか？　これらの点が安心できないので失礼をしました」と挨拶した。これが両雄初の出会いの場面である。別説として、明石がこの夕レストランで食事しているとき、七十歳をこえたと思われる白髯の老紳士がツカツカと近づいてきて「あなたは明石大佐か」といったのが、両雄握手のはじめともいわれている。

シリヤクスは元判事で、弁護士、著述業を表業とするが、実はロシア革命の別動隊フィンランド急進反抗派の首領である。この時以来明石と影の形に添うごとく異身同心の活動をし、二年間兄弟以上のつきあいをした人である。明石の工作はシリヤクスと握手したことにより、その八〇パーセントの成功をしたことになったのである。

さてシリヤクスは「明朝十一時ホテルの前に幌をおろした馬車が着くから、だまってそれにお乗りなさい。私はその馬車内で待っています」といい残して去った。さすがの明石も自分の軽率を反省した。そして翌朝指定されたとおり行動し、馬車を降りたら、そこがカストレンの隠れ家のホテルであった。導かれて室内に入り、まず奇妙に感じたことは、正面にロシア皇帝ニコライ二世の署名のある追放状をかかげ、両側に日本天皇とデンマーク皇太子の写真がかかげられてあったことである。デンマーク皇太子はロシア皇太后の弟で、ロシア宮廷の態度を不可とし、カストレン、シリヤクスらの苦言をよくきく理解のある人であった。

さてロシア不平党とのこの最初の会合において、明石の切り出した希望は

1　日露開戦という時局に対し、不平（反政府）党はいかなる行動をとるのか、日本と協力してもらえないか。

2　軍事情報を提供してもらいたい。

これに対してシリヤクスは第1項については考慮するも、スパイ提供はできないと答えた。シリヤクスは左傾派中でも最も過激な一人である。純粋な過激論者で、最も危険な人物として政府からにらまれていた左派の総帥であるが、スパイの提供については難色を示した。これは政党としての体面にかかわり、もし暴露すると、売国の汚名を負わねばならないからだという。しかしカストレンはこれを押えて「まあ私に任せてくれ」といって、直ちにスウェーデンの参謀大尉アミノフに電話をかけていろいろ協議していたが、結局後日ベルゲン少尉をロシア国内にスパイとして潜行させることにし、ストックホルムの豪商リンドベルグが資

金、通信の授受を担当することになった。リンドベルグは後日、ゴテンベルル港の日本名誉領事になっている。

明石はこんな具合にして、ようやく最初の特志スパイを獲得しているが、後には純粋に金のために働く者を使っている。好意的なスパイは反面使うのにめんどうなところがあり、事務的に働く者の方が結局能率があがり、後くされがない、というのが明石のいい分である。

スパイ任務の困難で苦痛の多いのは、やってみないものには想像すらできない。相互連絡のため終夜森林の中で立ちつくしたこともあり、雨にズブぬれになって待ちぼうけを食ったこともある。使ったスパイが行方不明になったり、処刑されたり、自殺した者も少なくなく、さすがに剛毅な明石もしばしば断腸の思いをし、任終わって帰国の後も、これらの悲惨事を思い、ひそかに涙を流していたようである。

明石がストックホルムに本拠を構えると、彼の周囲にはロシアの秘密警官が集まってきて動きがとれない。それにこの地は交通不便で、国際情報の流れてくるのが少なくて、しかもおそく、新聞の記事はパリやベルリンより二、三日おくれる始末である。ストックホルムは地理的にはロシアに近かったが、時間的には遠かったのである。明石は参謀本部に再三請求して、ようやくに許可をもらい、任地を離れて、広く欧州各地をかけまわる態勢をととのえた。神出鬼没、変幻極まりない彼の離れ業が、これから展開されるのである。

6 工作資金に苦労する

明石工作には莫大な資金がいる。明石の考えていることは、ロシアの国を裏からゆさぶるという雄大な構想であるから、参謀本部が従来の基準によって送ってくる金では問題にならない。「明石ほど金を使った男をみたことがない。しかし彼は一人で二十万人分（当時の満州派遣軍は大山大将以下二十万人）の働きをした」といって舌をまいたのはドイツのカイゼル、ウイルヘルム二世だったが、これは後の話で、「金さえあればロシア政府に勝ってみせる」と確信していたのは明石自身だけで、彼を信頼していた参謀本部のある首脳も「明石にどんな大金をやっても大したことはできないであろうが、あまり熱心にいってくるので、とにかく彼の思うとおりにやらせてみようではないか、という程度の考えで、あの大金を送った」と後日述懐している。

とにかく、日本の国がいままで考えてみたこともない大謀略工作であるから、明石の申し出に対する本国の腰は重く、かえって彼は誇大妄想狂あつかいにされてしまったが、彼の熱意と努力はついに参謀本部を動かして、日本としてはずいぶん思い切った大金を支出することになった。これにはロンドン駐在の宇都宮武官その他在欧同志の声援も大いに力のあった模様で、明石の人柄のよさを示している。

明石も一時は悲観して、仕事を放棄して内地へ帰ろうか、と決心しかかったこともあったが「田舎の補充大隊長ならしてやってもよい」という参謀本部からのひやかし半分の激励もあり、とにかくストックホルムを出て欧州各地をとびまわってよい、というお許しと若干の軍資金が届いたので、彼も気分をなおして活動をはじめた。

左記は当時ロンドンより参謀次長にあてた手紙の一節である。「ロンドンに出てきて万事自由となり、籠を放たれた鳥の心地がします。田村氏あての帰朝に関する私の泣き言の手紙に対し、補充大隊長になるつもりなら帰って来い、との伝言を稲垣氏より承知し、恐れ入りました。唯今では時運次第に思う壺にはまって来、なかなか面白くなり、うっかり安い身売りはできません……」

この頃の明石は彼の工作の目安がついた模様で、この手紙ではさらに言を進めて、欧州各地に駐在する同僚も彼に賛成であり、成算十分であることも力説している。

この種の水もの工作では、敵に対する工作よりも、味方に対する工作の方がむしろむずかしいことを如実に示している。

手紙はさらに「百万円ならば引き受けます」といっている。引き受ける仕事というのは、ロシア社会革命党を中心として不平諸党の連合騒乱運動をおこすとともに、フィンランドの左傾派に実力行使をさせようということである。このことについての明石の熱意は計り知れないものがあり、手紙の文句は次のように続いている。

「資金のめどがつき、この運動さえ成功すれば、私の一生の願いがかなったことになりますから、いつ呼び返されても心残りはありません。資金がでなければ私の駐在する必要はありませんから、召還して下さい。留守大隊長でも留守旅団長でも、なんでも一所懸命につとめます。後任としては○○氏が適任で、その人物能力は次のとおりです。……」

彼の熱意は参謀本部首脳部を動かさずにはおかなかった。ついに追加資金が送られて来、彼は勇躍第二期活動に入ったのである。

参謀本部はしぶしぶ金を出して、ともかく明石のいう通りにやらせてみたのであるが、やらせてみて驚いた。明石の金は不平党の活動資金に使われ、日本と交戦中の重大な時機にロシア各地に騒乱がおこったのである。一九〇四年（明治三十七年）の不平党の連合運動、一九〇五年四月の暗殺騒動、不平党の武器装備、オデッサの海軍反乱等がこれである。そのためにロシア政府は有力な軍隊を欧露に釘づけにされて、日本に向けて十分な軍隊を派遣することができず、さらにロシア政府の地位そのものまで危うくなってしまった。これを見て日本の政府や参謀本部の首脳者もはじめて明石の人物を見直して感嘆し、山県有朋《やまがたありとも》元帥などは「明石という男は恐ろしい男だ」と人に語ったほどである。

当時の明石の活動について、彼の親友、駐英大使館付武官宇都宮大佐は、左の手紙を、長岡外史参謀次長あてに書いている。

「……明石大佐の事業は非常な効果のあるもので、彼も大骨折りの様子ですが、何しろ多種多様な人物や党派相手のことであり、警察の取り締まりも厳重で、商品（金、銃器、弾薬のこと）の移動も思うようにならず、なかなか意の如く事が運びません。しかし彼も頑張っていますから、ここ一、二カ月中には必ず効果が現われると思います。彼も大急ぎに急いでいますが、さだめし各種の困難があることと、その苦心の程推察されます。彼の健闘を祈るばかりです。（明治三十八年〈一九〇五〉六月十五日）」

最初の間、日本の参謀本部は金を出ししぶっていたが、一九〇五年三月の奉天会戦後戦局打開の必要に迫られると、「金はいくらでも出すから早くやれ」と矢つぎ早にさいそくしたので、明石は「今更あわてるのはどうしたことか」との皮肉な電報を打っている。宇都宮大佐の手紙は、尖鋭化した両者の間の斡旋を買って出たときのものであろう。

7　不平党の組織をたどって工作網を広げる

明石がロシア不平党員と交渉をもった端緒は、前記のようにカストレンとシリヤクスの二人の大物と知りあったことで、その後これを糸口にして急速に多くの党員と連絡できるようになった。しかしこうなるまでが大変であった。ロシアの政界に問題があるのは誰にでも推察できるが、さてその真相を確かめ、乗ずべき手掛りを求めようと突っ込んでみるとハタと当惑する。漠然としていて近寄るべき岸がない。誰に話しかけてよいかわからないのである。

不平党はいままでずいぶん弾圧酷刑をうけているから警戒厳重で、特にその幹部の本名、住所にいたっては最高の秘密で、しかもたびたびこれを変えるから、なかなか正体がつかめない。また欧州各国は彼らを自由に行動させ、行く先々に彼らを保護する名士実力者がおり、彼らもまた表面堂々たる本業をもって、立派な生活をし、一流の社交場に出入りして、紳士淑女として行動している。

前記シリヤクス夫人はアメリカ人である。社交界のクイーンで、ドイツのライデン伯爵の宴会で、明石と偶然同席したことがあった。フィンランド憲法党の幹部グリッペンベルグは、在満ロシア軍にあって、黒溝台で日本軍を苦しめた勇将グリッペンベルグ大将の従弟である。ロシア革命党の大幹部ヒルコフ公爵は、逓信大臣ヒルコフの弟である。ペテルブルグで警視総監を狙撃した女傑ベーラ・ザスーリチは鴨緑江会戦のロシア軍司令官ザスーリチの姉で、社会民主労働党の幹部である。明石の友人マンネルハイム伯爵は「私の弟はミシチェンコ騎兵団の大佐として満州で日本軍と戦っているが、私は国を追放され、君と協力してロシア軍が敗けるように働いている。今の私としてはただ弟の無事を祈るだけである」と歎いていた。

彼らの関係は実に複雑である。一見不平党に見えても、案外政府のまわし者であったこともある。彼らの正体を発見し、これに接近することの困難さは想像以上である。しかし明石は彼らの仲間でつくるピラミッドの頂点ともいうべき、カストレンとシリヤクスと知り合うことにより、彼らの全部を容易に操縦できるようになった。明石が工作第一歩でこの二人と握手できたのは天佑であった。

明石とシリヤクスは密接な連繫のもとに新たな活動をはじめ、明石の名前はシリヤクスの活動とともに急速に不平党員の間に知れ渡ってき、明石の工作は不平党の組織をつたって急速に拡大浸透をはじめた。

8 各種不平党を統合

一九〇四年（明治三十七年）二－三月の頃、明石とシリヤクスの二人は、各地に散在する各種不平党の組織化に着手し、その第一歩としてシリヤクスは、南欧方面に旅行して、同方面の同志に呼びかけて歩いた。

シリヤクスがストックホルムに帰るのを追いかけるようにチャイコフスキーから手紙がき

た。彼は社会革命党の元老であり、総務委員の一人で、虚無党中最も過激な一派の長である。冬宮爆破の首謀者セリヤボフも、モスクワで皇帝の車を転覆させた首謀者ハルトマンも、アレクサンドル二世暗殺者ソフィア・ペロフスカヤも、すべて彼の門下である。手紙には「シリヤクスの提案した、ロシア革命党を中心とする、不平党の連合戦線を結成する運動を開始することに、大賛成だ」と書いてあった。

虚無党の主張は「ロシア皇帝、宮廷、政府はロシアの人民を虐げ、ロシアの国土を略奪する悪魔であるから、一日も早く彼らを退治し、人民の幸福をとり戻すことがわれわれの天職である。日露戦争により国内の取り締まりが十分でないのは、われわれの多年の宿願を果たす絶好のチャンスである」というのである。彼らは日露戦争によりロシアが敗けても、ロシアの現支配者が滅びるだけで、ロシアの国の人民は決して痛手は受けることなく、かえって革命運動の有力な支援になると考えている。当然、シリヤクスの提案に双手をあげて賛成してきたのである。

日露戦争に対する人民の態度――ソ連共産党史より――

人民大衆はこの戦争を望んでいなかったし、またこの戦争がロシアにとって有害なことを意識していた。そしてボリシェビキとメンシェビキとは、戦争に対して異なった態度をとった。トロツキーを含むメンシェビキは、ツァーや地主や資本家の祖国防衛の主張に同調し、レーニンを含むボリシェビキは、この強盗的戦争でツァー政府が敗北することは、帝制を弱め、革命を促進する結果になるから有利だと考えていた。

ツァー軍隊の敗北は、人民大衆の前に、帝制の腐敗をさらけ出した。帝制に向けられた人民大衆の憎しみは、日一日と増大した。レーニンは「旅順港の陥落は、専制制度没落の始まりだ」と書いた（人民の目に、巨大な城壁のように堅固に見えた帝制も、衝けばこわすことができる、との自信を大衆に与えたと思う――著者）。日露戦争は革命を早めた。

一方、明石は日本側陣営の強化を策し、一九〇四年（明治三十七年）三月四月の間に、まずロンドンに赴き、欧州駐在日本外交陣の元老林董《はやしただす》駐英公使を後援者にすることに成功した。当時の駐英公使館付武官は宇都宮大佐で、彼も機密の要務を帯びてドイツ、オーストリア、フランス、イギリスの諸国を歩いており、明石の来意を聞いて大いにこれに賛成し、林公使に紹介するとともに、その後最後まで明石の親友として協力、後援した。参謀本部が一見誇大妄想と思われるような明石の雄大な構想をついに了承したのは、宇都宮大佐の側面よりの声援が大いに役立っている。

一九〇四年六月末になると、シリヤクスの運動はますます効果を現わし、同志諸党派との関係も密接になったので、明石はさらにはるか黒海の東方、ロシア南境コーカサス（ストックホルム東南三千キロ）方面の諸党の意向を確かめようと、コーカサス派幹部の滞在しているパリに向かい、シリヤクスと相前後して出発した。

二人はパリにおいてアルメニア社会党の重鎮メリコフ公爵（アレクサンドル二世の宰相ローレス・メリコフ元帥の甥）、ジョージア社会党の総務委員（元ロシア宮内省書記官）デカノージーに会って相談した後、シリヤクスはさらにチャイコフスキーにあった。

デカノージーの意見は「ジョージア党は資力に乏しく財政難で動けない。若干の資金援助があれば、手段や方法のいかんを問わず、必ず連合戦線に参加する」とのことであった。

メリコフの意見は「連合戦線の結成は不賛成ではないが、その実現は困難であり、あるいは逆に政府の反動的弾圧を強める心配がある」というのである。不平各党はいずれも主義目的を異にし、各地方はまたそれぞれ特殊の希望をもっておるから、これを打って一丸とする連合戦線の結成は不可能ではあるまいか。また連合宣言書ができても、はたして各党派を満足させうるようなものになるか疑わしい、というのが彼の論拠である。この憂慮はもっとものことと二人も傾聴したが、後記のとおり各党派間に顔の売れたシリヤクスの大奮闘によって、後日、結局この難点を克服した。

注・アルメニアは黒海東岸、コーカサス山脈の南方で、ロシアとトルコの国境地域にある。ロシア商人の本場といわれ、現（1964年）ソ連最高会議幹部会議長ミコヤンは、アルメニア出身である。

その後二人は相前後してロンドンに渡り、明石はシリヤクスを林公使と宇都宮武官に引き合わせ、いろいろ打ち合わせした。

各党幹部の間に、逐次多くの知己を得た明石は、いよいよ不平党の連合会議開催促進の目的をもって、ロシア反政府党最高幹部たちの潜伏しているスイスに向かうことになった。時に一九〇四年七月下旬で、もちろんシリヤクスと相前後しての行動である。ロシア政府筋の圧力の強いときであるから、最高幹部連は厳重に警戒し、用心深く所在を秘匿しており、彼らに会うのは容易なことではなかったが、シリヤクス、メリコフ、デカノージー、知人であるフランス無政府党員等の奔走によって、ようやく目的を達することができた。スイスには実にアルメニア党（ダシュナク党）の幹部マロミロフ、ロシア社会民主労働党の幹部のプレハーノフ、革命党の幹部プレシュコフスカヤ老女史およびシシユコウ、ブンド党（ユダヤ社会党）の幹部などがいたのである。ジュネーブ郊外のシュメン・ド・ローズリー（バラの里）はこれら不平隠士が多く潜伏し、しずかに時節の到来をまっていたところである。

七月末、シリヤクスは他方面に向かい、明石はさらにスイス国内のラペルビールに隠棲するポーランド国民派の幹部バリスキーを訪問して意向を打診した。彼もメリコフと同様連合会議の効果について疑問をもっていたが、明石の熱意に押されて「ともかく党員たちに図って、なるべく多く出席させるようにする」と答えるにいたった。

スイスを去った明石は、ドイツに入ってベルリンに足をとどめ、当時オランダのアムステルダムに開かれていた列国社会党会議の情勢をうかがい、会議の終わるのをまって、八月末ハンブルクに赴いてシリヤクスと会合した。この時シリヤクスはポーランド社会党の幹部ヨードコーをロンドンから招き、不平党各党の意向や動静を話して、十月に開催予定の連合会議へ出席するようにすすめて、ほぼ同意をとりつけた。

このように明石は、不平党各党の連合を図って東奔西走したのであるが、この間最も困難を感じたのは、先にメリコフやバリスキーのいった、それぞれ違った事情にある諸党派間の調整であった。ロシアの社会革命党と社会民主労働党とは多年のライバルである。ポーランドの国民党と社会党とは、主義の上で反目嫉視している。純ロシア人とポーランド人は、征服者被征服者の関係にあり、歴代の仇敵で、恨み重なる相手である。

この間にあって縦横に活躍して斡旋につとめ、なんとかこれをまとめあげた者は、実にシリヤクスその人である。彼は一方においてはフィンランド人として主義や、人種や、地域競争の渦外にあり、元判事、元弁護士、現著述業者としての個人的実力、ロシア社会革命党の別動隊として自ら編成したフィンランド急進反抗党の首領たる地位、純粋強硬なる主義主張をかざしての、革命党員中の革命党員と賛嘆された行動実績、前の虚無党時代よりの元老として、大物革命家の親友多く、社会革命党とその競争党たる社会民主労働党の両方に親しく、フィンランド憲法党や純ロシア自由党にもそれぞれ知己を有する点等の数多の条件は、各党連合の媒介者として最適であった。

彼の活躍ぶりはいよいよはなばなしく、いよいよ鮮やかで、この時の好機運をとらえて各党を鞭撻し、来る十月（一九〇四年）をもって各不平党合同の相談会を開くことにし、その発起人として各党より若干の委員を出席させるまでに、事を進めた。

相談会の目的は、ロシア政府に対し、各党各派がそれぞれの要求を提出し、できれば共同の檄文を発表し、次いで、示威運動*を行なうように申し合わせをしようとすることにあった（明石はこのための資金として二千円を提供した）。

諸工作が順調に進み、相談会の準備もできたので、その前途を祝福し、二人そろってハンブルクを出発してストックホルムに帰ったのは、一九〇四年八月末のことである。

この時こそ満州方面では、日露両軍主力が戦争の運命を賭けての遼陽決戦を展開しており、明石の工作が俄然凄味を呈してきたのも、さこそと思われる次第である。

ストックホルム帰着の日、明石がまず手にしたものは「すぐ来られたし」というロンドン

示威運動（じいうんどう）――集団で特定の主張や要求を掲げ、威力を示す行動をとること。デモ（デモンストレーション）。

の宇都宮大佐からの電報である。彼は旅装もそのままに直ちに出発した。まことに文字どおりの東奔西走である。

ロンドンに着いてみると、宇都宮大佐はポーランド社会党幹部ヨードコー他数名の同党ロンドン支部員を集めて協議中だった。彼らは「ブンド党（ユダヤ社会党）員より聞いたところによれば、今度ひらかれる予定のパリ会議は、シリヤクスが明石にたのまれて工作したものだということであるから、われわれは出席しない」と主張している。明石は事態が一変して、重大化したのにおどろき、「私は決してシリヤクスに依頼したことはない。今度の連合運動は全くシリヤクス自身が発案者で、私はただ彼を援助しているだけである。諸君が自主的に考えてみて、各党連合の必要がないと思うならば、随意にされたい。私は決して無理強いしない」とつっぱなした。

彼らも明石工作の根本的理念に基づく、断固たる発言に反省の色を見せ、特に幹部ヨードコーは深く考えた後、「党員の議論はいろいろだと思うが、私は何とでもして党議をまとめて、会議に参加するようにする」と答えて散会した。

シリヤクスと明石がいかに密接な関係を保ち、いかにめざましく活躍したかがよくわかり、明石の気迫が尋常一様なものでないことを思わせる、一場面である。

第一回不平党連合会議（パリ会議）

明石大佐と握手したシリヤクスの疾風迅雷的な活動の結果、情勢はいよいよ有利に進展し、声望ある彼の熱心な斡旋が奏功して、各種の異論も逐次消滅し、九月中旬までにほとんどの党が出席を通知してきた。ただこのパリ会議が明石の策であるといいはるポーランドのブンド党（ユダヤ社会党）と、ロシア社会革命党の優勢を嫉視するロシア社会民主労働党だけは参加するにいたらなかった。

十月一日ロシア自由党、ロシア社会革命党、フィンランド憲法党、ポーランド国民党、同社会党、ダシュナク党（アルメニア党）、ジョージア党等の不平党の代表は大挙してパリに集合した。会期は五日間、シリヤクスは、発起人であり、起案者であるの故をもって、推されて議長の席についた。

かくて一堂に会した革命のベテラン数十人が、卓を叩いて政府覆滅を叫ぶの壮観を現出するにいたった。はるかに祖国の危機を思いつつ、日夜焦慮焦心を重ねて、黒幕裏に事態をそこまで運んできた明石の嬉しさは如何ばかりであったろう。

連合会議においては、最初各党間に多少の意見の相違があったが、首脳者の適切な斡旋によって大体において成功した。そして会議後ただちに示威運動を展開することに決し、各地方ごとに一団となってそれぞれ得意の手段をとることになった。たとえば自由党は主義とする言論活動によって、州郡会を扇動して政府を攻撃することにし、革命党は得意の非常手段に訴え、コーカサス党はテロ、ポーランド社会党はデモにより、これらを総合して終局の目的を達するよう協力することを決議した。

連合会議に関し特記すべきことは、自由党参加問題とフィンランド党の分裂事件である。

自由党参加問題

ロシア自由党は主として貴族や学者の集まりで、言論による政府攻撃を主とし、実力行使は好まない。党内は二つに分かれて、憲法を制定しての帝政を支持する憲法派と、普通選挙を基盤とする民主政治を主張する進歩派に分かれ、さらに急進的なものは革命運動に参加せんとするものもあった。

一党内に硬軟の差の甚だしい異分子をもっている自由党を会議に参加させるのは危険である、との明石の主張に対し、強情血気なシリヤクスは強く参加を説いて屈せず、結局硬派（左派）だけが参加した。

こんな事情のあった自由党だが、参会させてみると、列席者一同が意外とするほどの強硬論を吐いて驚かせた。彼らは人民のすべてに投票権を与えることと、あらゆる反抗手段によって政府の威勢を挫かねばならぬと主張した。その代表者は前帝室（モスクワ王朝）の直系でロシア第一の名門であるドルゴルーキー公爵、ミリューコフ博士、名士ストルーベ等錚々たる連中であった。

フィンランド党の分裂

旧元老院議官メッケリン一派（憲法党）は連合示威運動は危険であるとして決議に同意せず、当面はフィンランド憲法を護持し、完全なる自治制を獲得することをもって満足し、五万挺の小銃を手に入れるまでは実力行使を差し控えると主張した。これに対し急進派は、手ぬるい連中とは行動を共にしえないと、分かれて別党を組織して、フィンランド急進反抗党と称し、ポーランド、コーカサス等の外域諸党と協同するほか、ロシア本国（純ロシア）の革命者と手を結んで、直ちに実力行使に出ようと主張した。御大シリヤクスの地盤での出来事だけに、異様な感を一般に与え、さすがのシリヤクスも閉口の模様であった。

連合会議に対する明石の期待と意気込みは非常なもので、彼が参謀本部に対し「百万円（百円で家が建った時代である）でこの仕事を引き受けます」と大見得をきり、さらに「金が出なければ工作をやめて帰る」と居直ったのはこの時である。かきあつめえた軍資金の全部を、明石は断固として次の騒乱工作にぶちこんだ。

一九〇四年（明治三十七年）十月に行なわれた五日間の連合会議後、自由党を除き、実力

佐の諜報網

スパイ
スパイ見習
助手
特志スパイ
G
ペテルブルグ
H
G
ロシア
モスクワ
A
T
U
エフ
コーカサス
Z
オデッサ
S
アルメニア

第3図　明 石 大

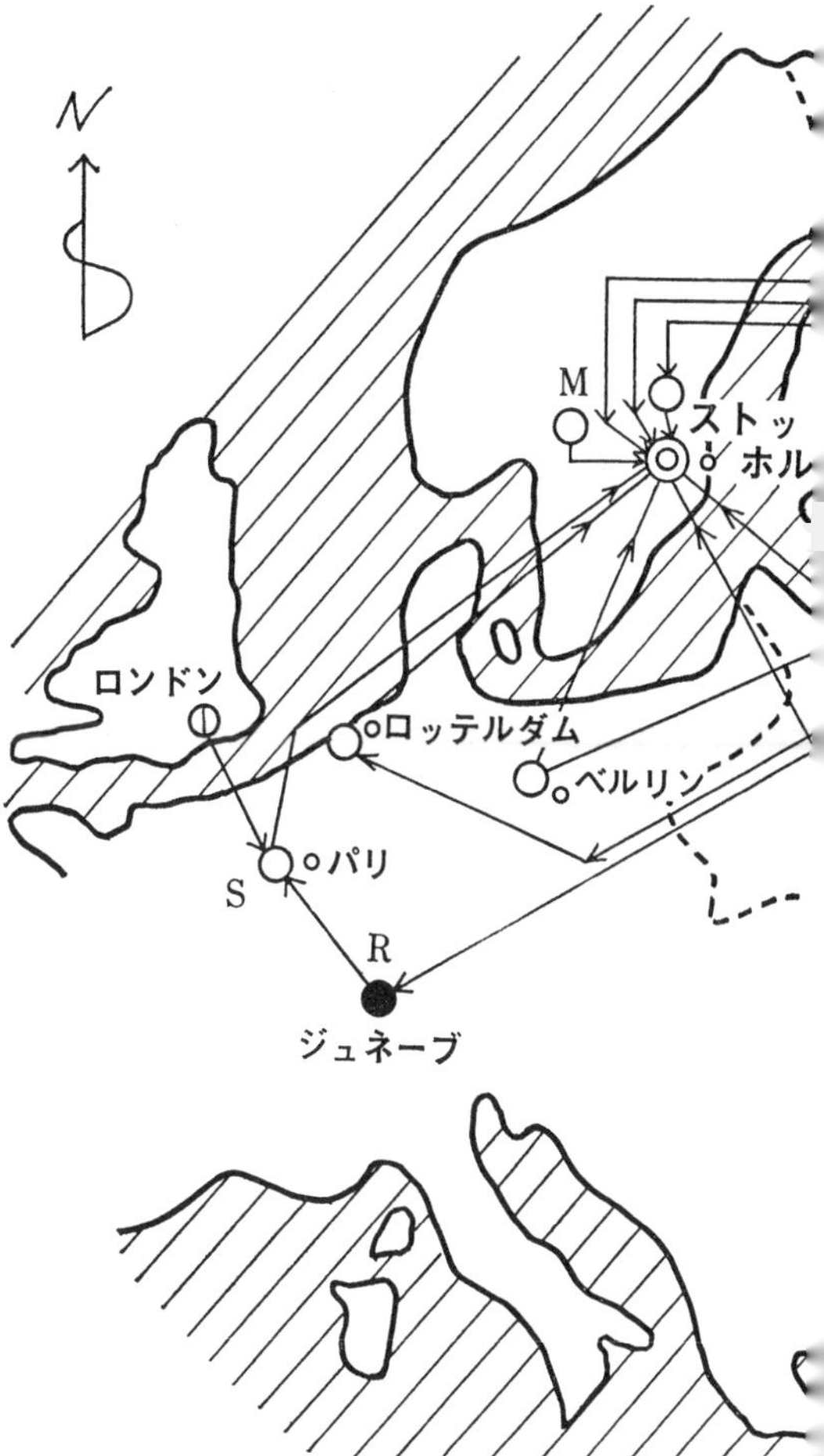

行使のための第二次協議会がひらかれ、実行の具体的方法の打ち合わせをし、特にロシア各地における軍隊の動員を妨害するという決議ができた。

かくて各党の代表者は十月中旬をもってことごとくパリを引きあげ、一斉に持ち場に帰った。矢はついに放たれたのである。明石工作の総攻撃開始である。

明石は動かしうるもののすべてを動かしてこれに投入した。そしておもむろに本拠ストックホルムに帰り、耳目をとぎすまして、全欧露各地の動き出しを待望した。

注・善く戦う者の兵を動かすや、木石を転ずるが如し。木石の性は、安ければ則ち静に、危ければ（不安定）即ち動き、方（四角）なれば即ち止まり、円なれば即ち行く。円石を千仭の山より転ずるが如く戦わしむるものは、勢なり。（孫子）

9　騒乱各地におこる

明石の期待にそむかず、間もなく各地で続々と騒擾が起こりはじめた。

ポーランド社会党のゼネスト　パリ連合会議後まもなく、真先に行動を開始したのはポーランド社会党である。労働者のゼネラルストライキをもって立ち上がり、憲兵や軍隊の強圧をはねかえして、勢いますます盛んになり、欧州の諸新聞は筆を揃えて、その騒乱行動の激烈さを書きまくった。

フランスにおけるロシア攻撃デモ　パリにおいては、かねての明石の企画に基づいて、シリヤクスが活動をはじめた。パリのインテリに働きかけて、反露示威運動を開始したのである。当時のフランスはロシアの同盟国であったが、この運動は意外に反響があり、衆議院副議長であり、社会党首領であるジョレス*、文名高きアナトール・フランス博士、貴族院議員クレマンソーの如き有名人、実力者が続々賛意を表し、ついには、露人の友（すなわちロシア政府の敵）という団体を組織し、その機関新聞ユマニテ、ジルブラ・オロール、ウーロペアン、アルメニアン、ジョールジヤンなどは筆を揃えてロシア政府を攻撃し出した。

ロシア本国内の不平党諸党の運動　革命党はキエフ、オデッサ、モスクワ等の要地で盛んにデモを行なうとともに、大学生運動を扇動した。自由党はその得意とする州郡議会、弁護

ジョレス――ジャン・ジョレス（1859〜1914）。フランスの社会主義者。1904年ユマニテ紙を創刊。反戦運動を行うが、1914年カフェ・クロワサンで暗殺される。

士会、医師会などを開催させて政府攻撃の言論戦を展開し、パリ会議に加わらなかった社会民主労働党までが、労働者のデモを行ない、十一月より翌一九〇五年一月にわたり蜂の巣をつついたような、全国的かつ間断なき騒乱情勢を現出した。

コーカサスのテロ　コーカサスでは官吏の暗殺が日々十件以上に達し、新聞紙はその恐怖状態を書きたてた。

ネバ祭の皇帝狙撃事件　ロシアの首都ペテルブルグでは、冬宮の近く、ネバ河畔で、毎年一月ネバ祭という河祭がおこなわれる。一九〇五年（明治三十八年）一月の祭典には皇帝親しく臨席し、大僧正の荘重な説教あり、文武百官うやうやしく礼拝する祭儀の真最中に、対岸の軍隊の間から轟然たる爆音とともに一発の砲弾が飛来して、皇帝その他の高位高官の頭上をかすめて宮殿のガラス窓を打ち砕くという騒ぎがおこった。

注・勝つ者の戦うこと、積水を千仞の谷に決するが如し。（孫子）

当時におけるロシア不平党員の考え

ロシア不平党員一般の考えは、左記プレシュコフスカヤ女史（第二回連合会議議長）が明石に語ったことによりよくわかる。

「ロシア政府は文字通りわれわれの不倶戴天の仇である。われわれは人民のためこの悪魔と義戦すること数十年であるが、いまだに目的を達することができず、かえって今ここに敵国日本によって、ようやく悪魔退治の機会を与えられることになった。われわれは自分の微力を思って赤面にたえない。」

ガポン僧正の騒乱

一九〇四年（明治三十七年）のパリ連合会議にもとづく各地の騒乱のうち、最も世界で騒がれたのは一九〇五年一月九日（グレゴリオ暦一月二十二日）のガポン僧正事件である。

ガポン僧正は主として労働者社会の布教をしていた神父である。彼は革命思想をとなえていたが、革命党にも民主労働党にも属せず、互いに勢力を争う二大不平党の中間に介在していたため、一種特異な地歩を獲得し、両党から重宝がられ、両党に人望と親交があった。

パリの連合会議後、各地に続々として示威運動が起こると、これに刺激されてロシア本国にも不穏の機運がみなぎったが、革命、民主両党対立のため未だ爆発するにはいたらなかった。この時ガポンはその中立的立ち場を利用し、両党に属する労働者を一手に動員し、自らその十数万の衆を率い、武器をもたずして（これが彼らの主義）冬宮宮殿におしよせた。

しかし予期に反して、政府は軍隊を出動させ、武力鎮圧を断行したため、惨澹たる大流血事件に発展してしまった。特に武器なき労働者が兵火に斃《たお》れるに当たり「もしここに僅か一個大隊の日本軍隊がいてくれれば、われわれはこんな惨めな死に方をしないのに」と絶叫したことなどが、デカデカと全世界の新聞に書きたてられ、ロシアの権威を列国間に失墜すること甚大なるものがあった。

フランスにおける前記ロシア人の友の団体等は一斉にロシア政府を非難し、有名な大学教授セイニョーボー博士のごときは学生に対し「君らはどんな事情があってもロシア国債を買ってはならない。父兄にもそのようにいい給え。ロシアの国債を買うことは、結局フランスの経済を乱し、諸君の家産を破滅させることになる」とアジるしまつである。

ガポン騒乱は、機が熟さぬため失敗したが、国外ではロシアに対する列国の不評、国内では不平党に対する民衆の同情を喚起し、また一時たりとも冬宮に肉迫して、全国を震駭させたことは大成功で、不平党にとっては意外な収穫であった。

ガポン僧正は絶大な人望をもっていたが、実は政府の工作員であった。日露戦争後これが暴露して、革命党員のためペテルブルグ郊外で謀殺されている。政府のまわし者がなぜこんなことをしたか不可解である。やはりこの頃、スパイの元締めの内務大臣が部下のスパイに殺されたこともあり、当時のロシア政界は複雑な事情があったようである。しかし想像を逞しくすれば、ロシア政府が国内不平分子を一斉にかり出して、一挙に消してしまうため、彼を使って革命党員を誘《おび》きだしたともとれないことはない。あるいはこの頃は正真正銘の党員であったものが、後日にいたって変節したのか、または一月騒乱の失敗に対する大衆の非難を回避するため、党が彼をスパイに仕立て、罪を彼一人になすりつけて、消してしまったのかも知れない。

バクーの騒乱──ソ連共産党史──

一九〇四年十二月に、バクー市のボリシェビキ委員会の指導の下に、大規模の、よく組織された労働者のストライキが行なわれた。これは労働者の勝利となり、ロシアで初めて、労働者と石油産業家との間に団体協約が結ばれた。このストライキは、ちょうど偉大な革命の雷雨にさきだつ稲妻のようなものであった。

注・バクーのストライキは、翌年一月から二月にかけて、全ロシアにわたって行なわれた、輝かしい革命的進出の合図となった。──スターリン

ガポン騒乱──ソ連共産党史──

一九〇五年一月九日のペテルブルグにおける事件は、革命の嵐の発端となった。

一九〇五年一月三日、ペテルブルグ最大の工場プチロフ工場（現在のキーロフ）でストライキが始まった。これは四人の労働者の解雇が原因であったが、急速に進展して全市にひろがった。この前年警察は、挑発扇動者である坊主ガポンを手先につかって、労働者間に〝ロシア工場労働者協会〟という御用団体をつくった。この団体はペテルブルグの全地区に支部をもっていた。

プチロフ工場のストライキが始まったとき、坊主ガポンは、この協会の会合で、挑発的な計画を提議した。すなわち一月九日にすべての労働者が集まり、教会旗とツァーの像とを捧げて、平和な行列で冬宮まで進み、自分たちの困窮をのべた請願書をツァーに捧呈しよう。そうすれば、ツァーは人民の前にでてきて、人民のいうことをきき、その要求を満足させてくれるだろう、というのだ。

請願書は、労働者の集会で審議され、人民の窮状を訴えることのほか、会合に潜入していたボリシェビキの主張により、出版と言論の自由、労働者団体をつくる自由、ロシア国家機構を変更するための憲法制定会議の召集、法律に対する一切の平等、教会を国家から分離すること、戦争の停止、八時間労働制の制定、農民への土地譲渡の要求が書きこまれた。（これは当時の宮廷にとっては、非常な衝撃的な文句であったろう——著者）

一九〇五年一月九日早朝、多くの労働者は全家族をあげ、妻も子も老人もひきつれて、ツァーの肖像と教会旗を捧げ、賛美歌を歌い、なんの武器ももたずに行進し、十四万人以上の大群になって、ツァーの住んでいた冬宮に向かった。

ニコライ二世は、敵意をもって彼らを迎えた。彼は武装のない労働者を射撃することを命じ、その日のうちに一千人以上の労働者がツァーの軍隊に殺され、二千人以上が傷ついた。ペテルブルグの街々は、労働者の血潮で朱に染められた。一月九日は〝血の日曜日〟とよばれるようになった。

労働者の、ツァーに対する信頼は一度で失われてしまった。九日夕にはすでに労働者地区でバリケードが築かれはじめ「ツァーは俺たちをなぐった。よーし！　俺等も奴を打ちのめしてくれよう！」という声がわきおこった。

恐るべきツァーの残虐のニュースが、至る所にひろがった。激昂と憤怒は、全労働者階級に、全国に、まきおこった。ツァーの悪虐非道に対し、労働者が抗議ストや政治的要求の提出をしなかった都市は一つもなく、一月のスト労働者は四十四万人という、過去十年間の累計よりも多い数に達した。ロシアでは革命が始まったのである。

第二回ロシア不平党会議（ジュネーブ連合会議）とその結果

一九〇五年（明治三十八年）一月のガポン騒乱中、明石は四度目の南行をして、ひろく情勢を観望していたが、騒乱が失敗に終わったので、パリにおいてシリヤクスらと相談し、チャイコフスキーを中心として今後の対策をたてるため、至急各党代表者を会同することにした。これがジュネーブ連合会議である。

会議は、今回の事件で俄然有名になったガポン僧正の名で招集され、明治三十八年四月初旬ジュネーブに住む同志シモンの家で開催され、今夏季をまって、さらに激烈なる運動を展開し、今度は単なるデモでなく、大々的に実力行使に出ることを決議するにいたった。

今回の会議には、ロシア革命党、ポーランド社会党、フィンランド急進反抗党、コーカサスの両党、白ロシア党、ラトビア党などの実力行使を得意とする各党が参集した。パリ会議で問題となった自由党は今回は参加しなかったが、代わりにパリ会議不参加組のロシア社会民主労働党およびブンド党が出席したため、パリ会議よりは有力なものとなった。

会談は例によって論議百出で紆余曲折があったが、結局次のように議決した。

「ロシア現政府をたおし、各属地（フィンランド、ポーランド、コーカサスなど）は独立して、純ロシアと連邦を組織するか、完全なる自治体になる。」

この決議はレボルチヤラシャ新聞によって公然と天下に宣言され、会議不参加のロシア自由党にあっても、シャウスコイ公爵、ドルゴルーキー公爵の二領袖は決議に賛意を表明した。

このようにしてジュネーブ連合会議は前年十月のパリ会議以上の好結果をもって終わり、

各党の志士は、手に唾して来るべき夏季闘争における大活躍を期待した。

一九〇五年四月末、明石はストックホルムを出発して五度目の南行の旅に出てパリに赴いたが、この頃、冬宮宮廷に潜入せんとした革命党の若い婦人の暗殺者が当局に見破られて、家宅捜索を受けた多数の党員が逮捕せられるという大事件がおこり、ジュネーブ決議に基づく隆々たる情勢は一瞬暗転し、さすがの革命風雲児連も意気消沈するの悲運におちいった。

しかし幾度か辛酸をなめて鍛えられてきた革命党幹部は、この難事にあってかえって意気あがり、かの最過激派のチャイコフスキーを主とし、シリヤクス、ソースキース（チャイコフスキーの秘書）、ガポンらが首脳となって退勢挽回につとめた結果、ともかくロシア革命党を中心として他の諸派を糾合し、既定の計画を遂行する態勢にまでこぎつけた。

これまでの騒乱運動

前記のほか部分的、個人的な騒乱運動は、いままでも度々起こっていた。

一九〇四年三月六日ポーランド社会党総務委員の一人は林駐英公使に左のとおり申し出た。

(1)外国亡命中のポーランド人で部隊を編成して、日本軍に従軍する。

(2)在満州ポーランド人兵士に革命ビラを配布する。

(3)ポーランド人従軍兵士を日本軍に投降させる。

(4)東部ロシアおよびシベリアの鉄道橋梁を爆破する。

一九〇四年（明治三十七年）三月頃ポーランド国民党の幹部ドモフスキが、満州派遣のロシア軍の将兵に対し、日本軍に降伏する運動をおこし、日本の後援をうるため来日している。日本政府は彼といろいろ交渉したが、結局彼の希望するような応援をすることができなかったため、ポーランドは今後独力で敢行するとの申し出があり、明石は引き続き密接に連絡を保っていた。別に明石は在パリ、ポーランド国民党幹部バリスキーを東京に送り、松山俘虜収容所を見せ、ポーランド出身兵に思想工作をさせている。

不平党の一隊は鉄道を破壊して、軍隊輸送を妨害したが、多くの場合列車の往復をとめることのできたのは僅か一日間ぐらいにすぎなかったので、その後は中止している。しかしロシア全土各地にわたって組織的大規模な騒乱運動が行なわれるようになったのはこの時以後である。

ガポン騒乱後

ガポン騒乱は各地の不平党を一段と刺激し、地方の示威運動は一そう激しくなった。

動員妨害　当時満州行きの軍を動員中であった東部、中部、南部のロシア本国や、ポーランドおよびコーカサス地方では、非常な動員妨害がおこり、特にコーカサスのジョージア地方では、動員妨害行動を鎮圧するため派遣された歩兵中隊若干が、逆に暴徒に包囲される始末で、ついにコーカサス第一軍団の動員は中止されてしまった。

軍隊釘付け　ポーランドでは動員どころか、常備軍の移動さえ困難となり、満州派遣などは思いもよらなかった。不平党の騒乱工作のため、多くの軍隊が釘付けにされてしまったのである。

地方官吏暗殺　フィンランドでは数人の地方官吏が暗殺され、人心は極度の不安におちいった。

皇族暗殺　ロシアの首都ペテルブルグでは皇族の暗殺が企てられ、帝室第一の強硬論者のセルゲイ親王は爆弾にたおれてしまった。

黒海艦隊の戦艦ポチョムキン号の反乱　デカンスキーが明石より四万円の工作費を受けとって黒海のオデッサ方面に消えると間もなく、オデッサの騒乱すなわち黒海の変がおきた。

デカンスキーの部下で戦艦ポチョムキン号の乗組員であるオメルチューグとフェルドマンの二人が、内部から水兵を扇動して反乱をおこしたのである。もちろんデカンスキーの仕事であった。これは機がまだ熟さなかったのと、官憲に先手をうたれて失敗したが、政府の権威はますます失墜し、皇帝も、股肱と頼む軍人までがと、ひどく落胆してしまった。失敗の結果オメルチューグは刑死し、フェルドマンは行方不明になったが、これは後々までも明石の痛心の種であった。

戦艦ポチョムキン号の反乱——ソ連共産党史——

一九〇五年六月、黒海艦隊の戦艦ポチョムキン号で反乱がおきた。この艦は黒海のオデッサの近くに停泊していたが、反乱をおこした水兵は最も憎んでいた士官に復讐し、艦を占領してオデッサに回航した。当時オデッサでは労働者のゼネストが進行していたので、戦艦ポチョムキン号は革命側の手に移ってしまった。

レーニンはこの反乱を重視し、この運動をボリシェビキの指導下におき、これを一般の労働者、農民、軍隊の運動に結びつけねばならないと考えた。

ツァーはポチョムキン号に対して他の軍艦を出動させたが、その水兵は同僚に向かって発砲することを拒否し、ポチョムキン号のマストには、数日の間革命旗が翻っていた。しかし反乱部隊によい指導者がなく、ボリシェビキ、メンシェビキ、エスエル、無政府主義者らが混在して統一行動がとれず、一部の水兵は決定的瞬間において動揺した。また他の軍艦の反乱への合流もなく、そのうち石炭と食糧の欠乏を来し、この革命軍戦艦はついにルーマニア沿岸に赴いて、政府に降伏してしまった。

戦艦ポチョムキン号乗組水兵の反乱は敗北に終わった。ツァー政府に捕えられた水兵は軍法会議にかけられ、一部は死刑、他は懲役に処せられた。しかし反乱の事実そのものは重大な意義をもっていた。すなわち陸海軍における最初の大衆的革命行動であり、ツァーの頼みとする武力が革命に加担した最初の事件だったのである。またこの反乱が労働者、農民、兵士、水兵の結合という考えを一般にもたせることになった点も注目に値する。

当時のロシアの国内の不穏な情勢は、ガポン騒乱直後の一九〇五年（明治三十八年）二月八日付けの一諜者の左記報告によく現われている。

「……各地の政府反対党や革命党は見事に相策応して行動し、誰も予期しないほど迅速に第一目的を達成した。全ロシア人民の決意は固く、今度の騒乱行為は、皇帝が人民に屈服し、人民の要求に絶対服従することを観念するまで、継続することを期している。このところ政府の弾圧力は次第に弱まってき、国内の動揺を押えて戦争を継続することはいちじるしく困難になってきた模様である。（中略）

ロシア本国、ポーランド、コーカサス、フィンランドにおける多くの地方の不平党の工作は、反乱、鉄道および電信の切断、兵器廠の略奪、公務員の拘禁、行政機構の破壊等として現われ、その見事な実績によれば、計画の残部も必ず成功するものと期待できる。（後略）」

一月九日以後―ソ連共産党史―

一月九日のガポン騒乱以後、労働者の革命闘争は一層尖鋭化し、政治的性質をおびるようになり、武装抗争に移っていった。労働者が集中しているペテルブルグ、ワルシャワ、リガ、バクーのような大都市のストライキは特に頑強で、よく組織されていた。

各地のメーデー・デモでは、警官や軍隊との衝突がおこった。ワルシャワのデモでは、発砲によって数百人の死傷者がでた。五月中ロシア各地で二十万以上の労働者がストをした。オデッサ、ワルシャワ、リガ、ロッズイでは軍隊とデモ隊の衝突がおこった。バクー、ロッズイ（ウッチ）、イワノボ・ボズネセンスクではゼネストがおこなわれた。

ポーランドの大工業中心地ロッズイ市における闘争は特に激烈で、労働者は多数のバリケードをきずき、三日間（一九〇五年六月二十二日―二十四日）にわたってツァー軍隊と市街戦をした。レーニンはこの戦闘を〝ロシアにおける最初の、労働者の武力行使だ〟といった。

イワノボ・ボズネセンスクのストライキは、五月末から八月の初までの二カ月半つづき、多くの婦人をまじえた七万の労働者が参加した。市内に戒厳令が布告され、鎮圧に向かった軍隊の発砲により数十人が殺され、数百人が傷ついた。この間労働者は全権委員会ソビエトを樹立し、ロシアにおける最初の労働代表ソビエトをつくった。

労働者の政治ストは全国を沸きたたせ農村に波及した。春以来農民の活動が始まり、巨大な群をなして地主に反対し、その倉庫、精糖所、酒造所を破壊し、屋敷や邸宅を焼き払った。また地主の土地を奪い、森林を伐採し、穀物等の貯蔵品を強奪した。地主は驚いて都市へ逃げ、鎮圧に向かった軍隊は農民に発砲し、首謀者を逮捕し、笞打ち、拷問したが、農民は闘争をやめなかった。農民運動は中部ロシア、ボルガ流域、後コーカサス、ジョージア各地に広く伝播し、夏になると諸所で社会民主主義者の組織した農業労働者のストライキが起こるにいたった。しかし当時の農民運動はわずかに八十五郡すなわちヨーロッパ・ロシアの七分の一で行なわれ、農民闘争の端緒にすぎなかった。

ツァー政府は残忍、峻烈に労働者、農民を弾圧しつづけるとともに策を用い、挑発扇動者を手先につかって、ユダヤ人虐殺や、アルメニア人とアゼルバイジャン人との殺しあいをさせるなど、諸民族離間工作を行なった。（これは逆に国内不一致をますますひどくした。──著者）

この時期における、労働運動の政治化、農民運動の強化、人民の武力行動、軍隊の反乱という一連の事実は、人民の武装蜂起の条件が逐次整ってきたことを示すものである。

注・皇帝は国を思い、民を愛する善良な人であったが、側近政治家たちから、弾圧政策のみが、治安維持の最良の手段であると吹きこまれていたようである。

10　資金と武器を供給

ジュネーブ連合会議の頃には、明石は百万円の工作資金を握っていた。かねてから参謀本部に強談判して請求しておいたのが、ようやく送られてきていたのだ。明石は百万円の大部（小説「金色夜叉」のお宮をよろめかせた富山唯継のダイヤの指輪は三百円であった）を彼らにぶつけた。このタイムリーなホームランは悲運に沈んでいた彼らを一気に沸きたたせた。一度挫折せんとした献立てはかくして見事に生きかえり、ジュネーブ決議の大運動の展開を目前に見るにいたったのである。

武器補給

宮廷内の暗殺工作が露見して、多数の革命党員の逮捕以後は、党幹部は二手にわかれて再建工作に奔走した。チャイコフスキー、ガポン僧正、ソースキースらは、ロシア国内に潜入して、士気沮喪した不平党員の激励と組織再編に当たり、シリヤクス、デカノージー（コーカサス、ジョージア社会党総務委員)、チェルケソフ(政治哲学者でチャイコフスキーのブレーン)らはジュネーブ決議実現のための武器買い入れに狂奔した。

武器については各党で異なる好みがあり、革命党やポーランド社会党のように労働者を主とするものは小銃を好まないが、多数の農民を有するフィンランドやコーカサスの諸党派は小銃大歓迎である。

明石は小銃の買い入れに重点をおいて奔走したが、ふと思い出したのは、第四回目の南行(今年一月)のとき耳にした、スイスに数万挺の小銃の売り物があるという情報である。彼はフランスのサンシャモンでロシア軍放出の旧式小銃を買い入れ中であったコーカサス派の関係者に相談し、同派のジョージア党のデカノージー、その同郷の老友で知名な政治哲学者チェルケソフ、スイスの無政府党員で金持ちのボー、ボーの同窓の友で造兵廠長の某大佐のルートで難なく売買契約を結ぶことができた。時に一九〇五年(明治三十八年)六月中旬で、契約高はバルチック方面向け小銃一万六千、同弾薬三百万発、黒海方面向け小銃八千五百、弾薬百二十万発であった。

シリヤクスは五月頃ハンブルクで拳銃およびマウル式騎銃を買っており、その他各党もそれぞれ好みの武器の買い入れに熱中し、同盟決議に加わらなかった社会民主労働党やブンド党までも拳銃を求めて狂奔する始末であった。

武器の輸送

買い入れた武器を目的地に送ることは実に難事業である。革命党が武器をもつということは、民衆が戦意旺盛な反乱軍隊に一変することであるから、ロシア政府の情報関係者が銃器の動きに神経質なのは当然で、その探査と買い入れや輸送の妨害工作は実に至れり尽くせりだったからである。

注・敵国内の民衆をあらかじめ組織化しておき、必要の時に武器を送って武装させることは、軍隊をもって敵国を進攻占領することよりも、遥かに能率的である。（著者）

ジョン・グラフトン号事件

物騒な荷物を大量に、しかも鵜の目鷹の目のロシア情報員の目をかすめて、敵地ロシア領内で暗躍している不平党員のところへ送りとどけることは、なみたいていのことではないが、明石はシリヤクス、在英日本商社、その取り引き先であるイギリス商社の協力をえて強引にやってのけた。

彼は七月中旬スイスのハールから鉄道輸送で、オランダのロッテルダムにある高田商会代理店のコルネド商会まで荷物を送りつけることに成功した。一万六千の小銃を一挺ごとに磨きあげて、特製の銃箱で梱包し、八両の貨車に積みこんで人目につかぬように送り出すまでの苦心は大へんなものである。

これからは海上輸送であるが、このために新たに七百トンのジョン・グラフトン号という貨物船を買い入れた。高田商会ロンドン支店長柳田卯之助の奔走の成果である。持ち主は、ロンドンの酒商ディキンソン（無政府党員）の名義にし、アメリカの無政府党員モルトンが借りて使う形式をとった。

ジョン・グラフトン号は七月末ようやくのことでイギリスのニューカッスル港を出航した。イギリス国旗を掲げての偽装航海である。英仏海峡上に出るや、船は針路を変えてオランダのフリッシンゲン（ロッテルダム西南八十キロ）に投錨し、乗組員全部をバルチック沿岸地方のロシア人の不平党員と交代させた後、さらに英仏海峡を南行し、海峡の一孤島ゲンゼー（ガーンジー）沖にひそかに碇をおろした。

一方荷物の方は、高田商会のイギリスにおける取り引き先ワット商会に密送し、ワットはこれを自己所有の大型船に積みこんで、フィリピンのマニラ向けと称してかろうじて出港して、ちょうどこの時ここまでやってきており、うまく落ち合うことができた。

つみかえ作業は昼夜兼行で三日かかった。この時あいにく天候悪く、作業困難を極めたが、三日後には小銃一万六千、弾薬三百万発、拳銃三千を積みこんだジョン・グラフトン号は、ロシア不平党員の手だけで運航され、イギリス国旗をなびかせながら一路北進した。明石もこの時はよほど嬉しかったとみえ、左の一詩をものして、王公になったにまさる快を叫んでいる。

　功名何ぞ必しも王公を望まん。
　雄志伸ばすに足る千里の風。
　成敗天に任せば天墨の如く、
　白帆一片濤中に驚く。

ここまでの仕事で明石等が苦しんだのは、次のような無理があったからである。

○当時の欧州の情勢下ではロシア人乗り組みの七百トンの船に小銃一万六千挺も船積みすること、およびこの船を港より出すことは常識では不可能なことである。こんな物騒なことを官憲や税関がゆるすはずはないのである。

　イギリス人のワットが、イギリスの小舟で、オランダからイギリスにこの荷物を運ぶことさえ非常に困難で、税関のために出荷停止を食い、そのため高田とワットは非常な苦労をしている。

○無事に出港しても、海上においてロシア軍艦に捕えられるおそれが多い。

○揚陸地点に到達しても、そこは不平党員にとっては敵地である。厳しい監視をくぐって党員に渡すことは容易なことではない。

ジョン・グラフトン号が出発にあたり党幹部より受けた命令の要旨は次のとおりである。

一　八月十四日デンマーク海峡のワルネムンドを通過すること。
二　八月十八日ロシア西岸ウィンダウ（ベンツピルス）にいたり、ラトビア党（バルチック沿岸住民の不平党）用およびモスクワ行きの武器を陸揚げすること。
三　八月十九日夜ブイボルグ（ペテルブルグ西方）南方の一小島にいたり、迎えの船セシール号を待ち合わせ、首都ペテルブルグ付近に陸揚げする武器を移載すること。

この計画は高田商会の柳田支店長と、その取り引き関係先のイギリス人スコットの立案したもので、大へんな労作である。

コーカサス方面への輸送も難航していたので、ジョン・グラフトン号の北航を見とどけたシリヤクスは直ちにスイスに引き返して、あれこれと苦心手配したが、結局小銃八千五百、弾薬百二十万発は八月初旬、無事地中海のマルタ島まで運び出し、その後、黒海のオデッサとバトゥーミに揚陸することができた。

明石は八月初旬、シリヤクスらとわかれてロンドンを出発し、パリでコーカサス党の幹部と、ベルリンでポーランド社会党幹部ヨードコーとそれぞれ今後の処置について打ち合わせした後、八月二十日ストックホルムに帰着した。留守居役の長尾中佐は「八月初旬フィンランドより来たフルヘルムより、ブイボルグ付近にはロシア政府の監視哨がある、と聞いたの

トルネオ
ヤコブスタット
（フィンランド）
ブイボルグ
ラタン
ペテルブルグ
モスクワ
ウィンダウ
（ロシア）
（ポーランド）
オデッサ
（コーカサス）
黒海
バトゥーミ
（トルコ）
（ペルシャ）

第４図　武器輸送船航跡図

で、ジョン・グラフトン号宛に、デンマークへ、揚陸点をフィンランドとスウェーデンとの国境付近に変えよと指令しておきました」と報告した。明石はまずよかったと思ったが、その通信がジョン・グラフトン号に果たして届いたかどうか不安であり、気をもみながら次の情報をまっていた。

シリヤクスもこれと同じ情報を別の所で入手し、さっそくデンマークにとんで行き、八月十四日夜デンマーク海峡に小舟を乗り出し、月明を利用して予定航路付近を漕ぎまわって、ジョン・グラフトン号を捕え、揚陸地変更を指令しようとしたが、ついに船影を認めることもできなかった。ところが数日後ヒョッコリその船がデンマークに戻ってきて「十八日には命令どおりウィンダウの北角で予定の揚陸に成功し、十九日ブイボルグに着いたが、打ち合わせておいた案内船セシール号の姿が見えないので、不安になって、ひとまず帰って来た」と報告したので、ヤレヤレと安心し「揚陸計画を変更し、フィンランドとスウェーデンの国境のケミー、トルネオ地方に直行し、逐次各地に武器を揚陸しながら南行せよ」と命令して再出発させ、ストックホルムに明石をたずねて、右の次第を報告した。この頃のシリヤクスはイギリス人ロングの仮名の旅券をもって駈けまわっていた。

重大使命をおびたジョン・グラフトン号は一路北航し、海図もなく、船舶の出入もない地方を手さぐり同様の状態で進航しながら、まずトルネオおよびヤコブスタット付近に無事予定の武器弾薬を揚陸したが、九月初旬第三点のラタン地方の海岸で、不幸にも坐礁してしまった。これを見た地方官憲はすぐ船に臨検に来たが、船員はこれを船室に檻禁しておいて、大急ぎで揚陸を敢行した。しかし不用意に官憲を釈放したので、警報を受けた仮装巡洋艦アーシヤが急行してきて、船と揚陸残りの小拳銃、八千四百挺を押収してしまった。政府はまた第十八軍団の一部をフィンランドに派遣して警戒を厳重にするにいたった。

シリヤクスらは船員の間抜けぶりに地団駄ふんでくやしがり、いろいろ対策をめぐらしていたが、後日賄賂を使って、全部とりもどしてしまった。

ジョン・グラフトン号坐礁事件はたちまち全欧州に知れわたり、各新聞は筆を揃えて「怪奇船事件」とか「ジョン・グラフトン号の冒険」とか読者の好奇心をかきたてるように書きまくったので、さすがの明石、シリヤクスの猛者達も頭をかかえこんでしまった。

11 ロシアをゆさぶる

各地の騒乱の激化

明石らが武器補給に奮闘しておる間に、各地の騒乱は激化していた。各地方の不平党員は東西に奔走して、騒乱工作を進展させ、五月から六月にかけては、コーカサス方面で国立銀行を襲撃して三万円を奪った。またポーランドでは社会党が、バルチック沿岸ではラトビア党が八月中旬それぞれ国立銀行を襲って三万円内外の資金を獲得している。

ラトビア派は他と比較にならない小党で、さきのジュネーブ連合会議では、他の大党が、ラトビア党と同じ一票では嫌だ、といってもめたほどであるが、この党の実行力は物凄く、国立銀行襲撃のほか、八月初旬クールランドで騒乱をおこし、中旬頃よりバルチック沿岸全域にこれを拡大してますます激しくなり、政府もとっておきの第二十軍団を、やむをえず該地に派遣する始末であった。極東では日本軍の強圧を受け、国内しかも首都近くの治安は麻のごとく乱れて手の施しようもなく、強国ロシアといわれた彼の国も、重大時局に当面するに至った。

日露和平交渉はこのような背景のもとに、米大統領の斡旋で始まり、七月初め両国全権が本国を出発し、八月九日よりアメリカのポーツマスにおいて折衝を開始し、九月五日全権の調印、十月十四日批准を終わった。

この頃は日本も苦しかったが、ロシアはさらに苦しく、九月から明石が欧州を離れる十一月までの数カ月間は、ロシア建国以来最も激烈な反政府運動が蔓延していたのである。すなわち革命党はモスクワで猛烈な争闘を起こし、フィンランドは独立の態度をとって、公然とフィンランド国旗を総督府に掲揚し、クールランドのラトビア民族も独立を宣言し、ポーランドは暴動で蜂の巣をつついたようになり、キエフ、オデッサ、コーカサス地方も騒然とし、いわゆる一九〇五年のロシアの第一革命が沸騰状態に達し、さらに六年春には、農民の大運動が展開されんとする情勢に進展した。ただし首都ペテルブルグでは、八月の革命党員の大量逮捕のため比較的気勢が上がらなかったのが、異様なこととして人目をひいた。

日露戦争経過―ソ連共産党史―

日本軍は、旅順港要塞をまず包囲し、次にこれを占領した。彼らは、ツァー軍隊に幾度か敗北を与えた後、一九〇五年三月、ついに奉天付近でこれを撃滅した。三十万を数えたツァー軍隊は、戦死傷者と捕虜のため、十二万人も失った。それにひきつづき、封鎖された旅順港の救助のために、バルチック海から回航されたツァー艦隊が、対馬海峡において完全に壊滅された。対馬の敗戦は、まったくの一大惨事であった。ツァーの派遣した軍艦二十隻のうち、撃沈撃破されたもの十三隻、そして四隻は分捕られた。ツァー・ロシアは徹底的な敗北を蒙った。

ツァー政府は、日本と屈辱的な平和条約を締結せざるを得なくなった。日本は朝鮮を占領し、ロシアから旅順港と樺太の半分を奪った。

第一革命の状況――ソ連共産党史――

一九〇五年秋までには、革命運動はロシア全土を席捲し、非常な勢いで成長していた。九月十九日にはモスクワで印刷工のストライキが始まり、ペテルブルグや他の諸都市にひろがるとともに、モスクワでは政治的ゼネストに発展した。

十月初めにはモスクワ－カザン鉄道でストライキが始まり、一日後にはモスクワの発着駅全部、まもなく国内全部の鉄道がストを決行した。郵便も電信もとまった。各都市の労働者は何千人という集合をし、ストライキは工場から工場、町から町、地区から地区へとひろがって、インテリ層まで参加するにいたった。十月の政治ストは、かくして全ロシア的ストになり、鉄道、郵便、通信従業員以外の工場労働者だけでも百万人が参加し、国内の全生活は停止し、政府権力は麻痺してしまった。

この間、農民運動も全国の郡の三分の一以上にひろがり、サラトフ、タムボフ、チェルゴフ、チフリス、クタイスなどは農民暴動の中心になった。しかし農民の騒乱にはまだ組織と指導性が不足していた。

十一月になると、革命運動は武装蜂起の段階となった。陸海軍内に革命組織が結成され、労働者の戦闘隊が諸都市で組織されて武器の扱い方を訓練していた。また外国で武器を買って、ロシア国内に密輸入する手段も講ぜられ、この武器輸送の仕事には、革命諸党のエキスパートが参加した。（明石工作である。──著者）

十一月に、レーニンはロシアに帰ってき、ツァーの憲兵や警察スパイの目をのがれて武装蜂起の準備に直接参加した。スターリンはチフリスで開かれた集会で「勝つためには三つのことが必要だ。第一に武装、第二に武装、そして第三にも武装」と演説した。

十二月には、モスクワでは政治的ストライキとともに武装蜂起が始まり、約二千人の武装した戦闘隊員が行動を開始するとともに、モスクワ守備隊を味方にする工作を計画していた。

十二月九日には、モスクワに最初のバリケードが築かれ、またたく間に全市を埋めてしまった。数千の武装労働者は九日間にわたって英雄的に戦ったが、ツァーの政府は数倍の軍隊を集結し、砲兵を出動させて武力鎮圧を始め、蜂起の指導者を逮捕し、蜂起部隊を各地区に分断して攻撃した。

モスクワのクラスナヤ・プレスニヤの蜂起は特に激烈頑強であった。ここは蜂起部隊の主要な城塞であり、本部であり、ボリシェビキの指導下の最優秀戦闘隊が集結していた。しかしクラスナヤ・プレスニヤは銃と剣とで圧殺されて血の海と化し、砲火による火災は天を焦がすほどであった。モスクワの蜂起は鎮圧されてしまった。

蜂起は他の多くの都市や地方でも勃発し、クラスノヤルスク、モトビリハ（ペルミ）、ノボロシイスク、ソルモフ、セバストーポリ、クロンシュタットでは武装蜂起となった。ロシア各地方の被圧迫民族も武装闘争に立ちあがった。ジョージア（スターリンの郷里）では全地方、ウクライナではドンバスすなわちゴルロフカ、アレクサンドロフスク、ルガンスクで大騒乱が起こり、ラトビアの闘争は頑強で、フィンランドでは労働者が赤衛隊を編成して反乱した。

日本と講和して楽になったツァー政府は、全力をあげて、労働者農民の攻撃をはじめた。蜂起のおきている各地に戒厳令を布告し「逮捕しないでよい、撃ち殺せ」「弾丸を惜しむな」という残忍な命令をくだし、非人道的な弾圧をした。

一九〇五年十二月の蜂起は、第一革命の最高点であった。これが弾圧されると、革命は漸次衰退していった。ツァー政府は機を逸せずこれにつけこんで、徹底的に追い討ちをかけ、死刑執行人や牢番は血なまぐさい仕事に忙殺され、ポーランド、ラトビア、エストニア、後コーカサス、シベリアの各地方では、懲罰隊が暴れ狂った。

しかし革命はまだ圧伏されてしまったわけではなく、一九〇六年には百万人以上、七年には七十四万人のストライキが行なわれ、農民運動は六年前半期には全郡の半分、後半期には五分の一の地方にひろがった。陸海軍内の不安動揺も依然つづいていたのである。

一九〇五－七年の第一革命は二期にわかれている。第一期は十月の政治的ゼネストから十二月の武装蜂起までで、この期には革命派が優勢で、ツァー政府の対日敗戦に乗じて、次から次へと地歩を拡大しており、第二期にはツァー政府が対日講和によって生み出した勢力を利用し、硬軟両策を併用して、革命運動の弾圧に成功した。

僅か三年間の革命中に受けた労働者と農民の豊富な政治教育は、平時の三十年分以上のものに相応し、平和的条件下では、何十年かかっても解明できない革命の諸問題を一挙に解決している。革命は、ツァーの制度が人民の不倶戴天の仇であり、墓場にやってしまうほか手の施しようのない不治病であることを、天下に明示したのである。

12 長蛇を逸す

明石の謀略活動は戦前から開始されてはいるが、何分まれにみる大規模な工作なので急速には進展せず、ようやく本格化したのは一九〇五年（明治三十八年）春以後で、その効果は日露停戦頃から徐々に表面化してきたばかりである。この時すなわち一九〇五年九月十一日、彼は突然帰国命令を受けたのである。彼は帰りたくなかったし、仲間は彼を帰したくなかった。しかし国際信義上やむをえない上司の強請で断腸の思いをもって欧州を去ったのである。

彼としては、今一息で敵国政府を転覆するところまで漕ぎつけたところで、ストップをかけられたのだから、残念だったに違いない。彼は「三十八年十月講和」と題する長恨の詩を書き、長蛇を逸す、長蛇を逸す、とくり返し痛恨している。

明石は当時参謀本部の上官（参謀次長長岡外史中将？）に左記の意味の手紙を出している。

「……私は一歩一歩低徊しつつ南下し、今やベルリン、ロンドンの用事も終わり、当地（パリ？）の仕事も明日落着する見込みですから、いよいよ帰国の途に上ります。フランス船エルネスト・シモン号に乗船の筈でしたが、残務整理の都合により更に五日間のばし、イギリス船ヒマラヤ号に乗船し、途中イギリス船デルタ号に乗りかえ、十一月十七日マルセイユ港発、本年中には帰国するつもりです。もし閣下よりかねて御命令の件がなければ、ぜひとも引き続き数年間は滞欧をお願いしたいところではありますが、考えてみれば早く復命しなければならないこともあり、泣く泣く帰国の途に上ります。国には家もあり、親も子もある身で、五年間も外国で働きづめの私の気持ちとしては、お理解できないことかも知れませんが、私事の感情などには浸っておれない当地の事情です。明石流とお笑い下さい。

ロシアの国の情勢を判断するに、差し当たり騒乱は下火になりましょうが、当分は時雨模様がつづき、決して晴天となる見込みはなく、そのうちに必ずまっ黒な黒雲が出てきます。とにかく日本は数年の間は枕を高くして、その本来の経営に専念できると思います。

なお私は五年間の欧州勤務中一度も公務以外の旅行をしたことがありませんので、このさい今まで行ったことのないイタリアに四、五日旅行したいと思います。乗船前の余暇を利用する全くの私用旅行ですから、公用出張としないで、ただお暇だけいただきたくお願い致します。工作費の残額二十三万円（?）は郵送しておきましたが、工作員の遺族を救援する必要がおこるかも知れませんから、二千円ぐらいはいつでも使えるようにお取り計らい願います。これは万一の場合を考えてのことで、詳しくは帰国して直接申し上げます。

暗号書は今後必要なく、持ち歩くのも危険なので、同僚二人ばかり立ち会いの上焼却し、立ち会い証明書をもって帰ります。

思えば今日（十一月三日）は天長節*です。五年間の事は夢のようで感慨にたえません。私の罪作りはこれで終わりにさせて下さい。……」

天長節――現在の天皇誕生日。ここでは明治天皇の誕生日を指す。

この手紙を読むと、明石の帰り渋っている様子が目に見えるようである。彼が人知れず屍をさらさんと決心した土地であり、彼と生死を共にした数多の同志が、日露講和により、さらに一層の苦難の途をたどらんとする欧州の天地を去ることは、彼としてはまことに堪え難いものがあったに違いない。

13 明石帰国

明石が新橋駅についたのは十二月二十八日である。しかも切符をなくしてしまっている。旅に疲れたうすぎたない背広を着た大男のことであるから、駅員が怪しんでつかまえてはなさない。ようやくのことで出迎えの人と連絡がとれ、その保証によってかろうじて改札口を通れた始末である。別のホームに続々降りたっていた凱旋将軍たちのはなやかさにくらべて、まことに哀れであった。

五年間にわたる、史上かつてない雄大かつ困難きわまる重大任務を全うしての明石の晴れの帰国ではあるが、その実は垢染みた服に、破れ鞄を抱え、孤影悄然と駅を出たのであって、そのみじめさは見るにたえないものがあった。そして馳せよる母や家族との久しぶりの挨拶もそこそこに、すぐその足で参謀本部に行き、守衛に怪しまれながらもやっとの事で門内に入り、一通りの報告をすませ、残金の清算をしてから、ようやく赤坂檜町の自宅に入った。陰で働く者の甘んじて受けねばならない境遇と明石の人柄とをズバリ絵にしたような場面である。この正月、明石は四十二歳を迎えた。

明治三十九年（一九〇六年）元旦の彼の日記は、珍しく私事に及び、「三十八年十二月二十八日東京帰着、旅衣を脱ぎ、十年目で一家団欒の正月を迎う」と大書してある。

明石のロシア国力判断──彼の帰国報告書より──

ロシアの国力は強大であるという者と脆弱であるという者とある。国の有する底力は甚大であるが、積弊の致すところ宮廷、政府は腐敗し、政党は国家を思わず、個人主義は日々蔓延している。したがって政府の統制のある間はこの国は強く、なくなれば弱い。ロシアの国力判断が強弱二者にわかれるのは、政府の統制力に対する判断の差異によるものである。

ロシアは一億三千万の人口を有するが、その一億三千万は数を示すのみで、実力を示していない。なんとなればポーランド、フィンランド、コーカサス、バルチック沿岸などの侵地（侵略併合した地方）はもちろん、固有のロシア人も互いに内輪争いをつづけ、統一がないからである。これは民間のことばかりではなく宮中、政府内も同様で、戦争前から明らかに外に現われており、ロシア人の先天的特質と思われる。

ロシア皇帝の従弟で国を追われたキリール親王は、フランスのエコー・ド・パリ紙の記者に「私は罪もないのに侍従武官の職を奪われて流浪の人となっている。忠誠なるわが父ウラジミルも斥けられ、私が名も知らないようなのが国務大臣として大きな顔をしている。私自身のことなど問題ではないが、こんなことではロシアはどうなるかと、国の前途が心配でならない」とその憤りをぶちまけている。

元来ロシア帝室の基礎は頗《すこぶ》る脆弱であるが、さらにこのような内紛があり、政府は腐敗し、人民は無知である。ロシア大帝国の実体は馬や羊を抱えた荒漠たる牧場だともいえないことはない。

千七百年代の欧南におこった自由思想の波濤は、あるいはフランスの革命となり、またスペインの革命となる。さらにイタリア、スイスを侵し、ベルギー、オランダを掠め、ライン川をこえてドイツを襲う。次はロシア！　ときたのは当然である。そしてこの波はロシアに入るや一段と険悪さを加えてきた。ロシアのツルゲーネフ、バクーニン、チャイコフスキーらの議論は、ドイツのベーベル、フランスのジョレスおよびクレマンソーにくらべ一段と過激である。

ロシアは革命の温床である。人民は餓えに泣き、愚昧で迷いやすく、愛国心に乏しい。欧州より襲ってきた革命思想は、またたくまに大ロシア帝国全土に蔓延すべく、現在すでにその兆候が現われている。自由党の主張する総投票制度が実現すれば、帝室は一挙に崩壊するであろう。労働者と農民を地盤とする両社会党は共和政治の実現を主張しているからである。この際ロシア政府のとるべき方法は抑圧主義のほかにない。そして政府にこれを遂行する力がない。ロシアの前途は暗黒である。

ロシアの皇帝政治と威力主義とは車の両輪である。したがって皇帝政治の続く限りは軍備の強化につとめると思う。またロシアは常に神経が太い。今回の戦役に見るごとく、いかに地方が乱れても、官有地や官有林を侵されても、宮城を攻略されない限り、すべてを無視し、百難に堪えて、戦線に兵力を送っている。不平党員のいうごとく、ロシアの皇帝はその民を愛し、その国を守るものではない。守るのは自分自身と宮城のみである。バルカン半島の乱はロシアにとっては常識的には苦痛であるが、そのために満州侵略の矛先を鈍らすことはない。宮城に縁遠いことはほんとうの苦痛にはならないのである。また満州に派遣した軍隊はそのまま屯田兵として常駐させるかも知れない。ロシアは人民の苦痛などは平気で無視するからである。いかに腐敗するも、ロシアが内地や辺境に、強大なる兵力をもっていることを無視することはできない。

14 謀略紀行

明石はよく新聞を読んだ

日露開戦前後の明石は、よく各国の新聞をよみ、同じ職務にあった塩田少佐などは「明石はいつ寝ていつ起きるかわからなかった。各国語の中には語学不足で読むのに苦しんだものもあったようだが、辞書と首っ引きで頑張っており、夜中にいつ目をさましてみても、彼は常に新聞にかじりついていた」といっている。明石が外国新聞を情報源として重視していたのは、ロシア政府は国内出版物の検閲は厳重にしたが、外国新聞の口を押えることには関心と努力がすくなかったからである。

日本軍従軍志願のロシア軍少尉

ロシアの反政府党員は満州派遣のロシア将兵に各種反戦宣伝をし、ポーランド国民党の幹部ドムスキーのごときは「満州におけるロシア軍は日本軍に降伏せよ」と主張して盛んに工作するとともに、自分自身日本に渡航して、日本政府要人と会談している。

これらの影響もあって、満州派遣軍司令官クロパトキン（前陸軍大臣）の部下のコーカサス出身の一少尉は、軍隊を脱走してはるばるストックホルムに明石を訪ねてきて、日本軍への従軍を切願した。警戒厳重なロシア軍を脱し、八千キロの遠路を潜行しての熱意と苦心は想像に余りある。明石は温かく室内に迎えいれた。ところが少尉はなかなか外套をぬがない。入り口の所でモジモジしているので、遠慮しているのだと思った明石が、手をかして外套をぬがすと、中身の彼はヨレヨレの下着だけの姿であった。かつて台湾征討作戦中、北白川宮近衛師団長の前で、これと同じ姿をさらした経験のある明石は、大笑いしながらも同情し、とっときの洋服を出して着せてやったが、大男の明石の服も、彼が着ると腕と膝の出るツルツルテンであり、その珍妙さは、室内の重苦しい空気をいっぺんに吹きとばしてしまった。

露探の妻とデートする

一九〇五年（明治三十八年）六月頃同志とともに銃器の買い入れに狂奔していた明石は、ロンドンの場末に、人目をさけて泊まっていた。この宿は親友シリヤクスにも、日本人の誰にも知らさず、ただ一人宇都宮大佐にだけ通知しておいた、極秘のかくれ家であった。

ところが驚いたことには、投宿して三日目に明石大佐殿と宛名した女文字の封書が届いたのである。あけてみると「次の木曜日の午前十一時にパリのシャンゼリゼー街の地下鉄の入り口で私を待って下さい。あなたは私を知らないでしょうが、私はあなたをよく知っていますから必ず会えます。あなたのために大切なお話をします。怖れないで下さい。ローランより」と書いてある。ローランとはフランス革命史上の有名な人の名で、薄気味悪い手紙である。厳秘にしていた隠れ家を投宿早々に探知して、大胆に面会を申しこむ点など、相当な相手に違いない。ロシア秘密警察の罠かも知れない。こんな時の明石はいつも大胆不敵であり、当たって砕けろ式に出るのが常である。当時頭を悩ましていた武器輸送について、ヒントが得られるかも知れないと考え、断然この申し入れに応ずることにした。

指定に従って待っている明石に近づいてきたのは、四十歳ぐらいのフランス婦人である。

彼女が素早くささやいたホテルで再び落ち合うと、こんなことを話し出した。

彼女「私は露探（ロシア秘密警察官）の妻ですが、私は夫と喧嘩別れをして目下別居しており、お金がなくて困っていますの。もしあなたが四百ポンド下さるならば、あなたにとって大切な情報をさしあげます。」

明石「いくらでもあげましょう。確かなことを知らせて下さい。」

彼女「ロシア政府はあなたを非常な危険人物として目をつけており、あなたの行くところには必ず露探の目が光っています。探偵長マロニロフは今朝の八時にはすでに、あなたが凱旋門の下をぶらついていることを偵知し、『明石が来てるよ』といっていました。あなたはロシア政府が一番憎んでいる虚無党の首領シリヤクスやデカノージーと共謀して不穏なことをたくらんでいるでしょう。あなたはハンブルクでフランクさんから約束の銃器を買ったが、その一部は手に入らなかったでしょう。」

ここまでいわれるとさすがの明石も内心ギョッとしたが、平然として耳を傾けている。

彼女「○月×日あなたは夜汽車でベルリンからハンブルクに来て、シリヤクスの宿のストロイツホテルの階段をのぼったときに、出会った人があるのを覚えていますか？　彼は露探のスプリンゲルで、あなたがシリヤクスに会いに来るのを待ち伏せしていたのです。彼は会談の内容を探知し、あなたの帰った直後急いで立ち去りました。あなたの銃器買い入れの一部が失敗したのはそのためです。」

「あなたが銃器の買い入れに奔走していることはとっくに知られていますが、彼らはそれがハンブルクで行なわれるか、あるいは他の所かを探偵中です。」

「あなたがジョルジュの偽名で○月×日デカノージーに送った手紙は、彼らによって開封されています。私はその文句をいうことができます。」

「徒歩はいけません。尾行されます。あなたは平気で本名を出されますが、ホテルでは偽名をお使いなさい。小さいホテルは目立ちます。大きなホテルにお泊まりなさい。」

「今後も時々ご注意しますが、銃器の買い入れについては、もっともっと慎重にしなくてはいけません。」

明石にとって、以上の話はいちいち思い当たる節があり、自分のヘマさ加減と露探の手のまわっているのに改めて驚き入り、従来のやり方を根本的に考え直す必要を思い知らされた。しかし彼女に気をゆるすのは早すぎる。

明石「私はロシアの軍隊の情報を知りたいが、よいスパイがなくて困っている。よい人があったら世話してもらいたい。虚無党や不平党のことは興味はありません。」

彼女「とんでもないことです。あなたほど虚無党や不平党に興味をもっている人はありません。決して私を疑ってはいけません。あなたの政治謀略は私を利用しなければ決して成功しません。」

「くどいようですが、銃器の買い入れは、露探が一番注意していることを、忘れてはいけません。それからあなたの暗号は彼らに解読されています。」

明石の使っていた暗号はあまり高度なものではなかったので、これには一本参った形である。この日のデートでは明石はさんざん男を下げたが、彼もさる者、そのうちに彼女をすっかり手に入れて、ずいぶん活用した。

レーニンと煙草

明石はレーニンと相当深くつきあっていたようである。明石があまり上等でもない葉巻をくわえていたら、レーニンがそれを見とがめて「君はずいぶん立派な煙草をすっているな」と話しかけてきた。変なことをいう奴だなと考えこんだ明石が、やっと思いいたったことは、貧しい大衆を指導する者は、たとえ一本の煙草でも細心の注意を払わねばならないということであった。

憲兵の追跡急

デンマークのコペンハーゲン港を出て、バルチック海を航行中の船上の事件である。明石は例の調子で、すぐ下級船員らと仲よくなり、葉巻など与えて愉快に話しこんでいた。あたりに人影が見えなくなると、この船員は急に声をひそめ「ロシアの憲兵があなたを狙っています。先刻もあなたの行く先を訪ねていました」とささやいた。明石の人柄は船員たちの厚意を生み、お陰で命びろいをしたわけである。ちょうどその翌々日、バルチック沿岸を陸行中の滝川大佐はロシア憲兵に拘引されていた。

あわてた反間

表面露探でありながら裏面では明石のスパイをつとめる、孫子のいわゆる反間のAがいた。露探としての一同僚が、日本にとって極めて有利な重要書類をもっていることを知っているが、まさかこれを日本に売れというわけにもいかない。「どうしたものだろうか」と明石に相談をもちかけた。明石は例の大胆さで、在留日本人を使って「あなたのもっている○○の書類を買いたい。○日の○時に○○へもってきてくれまいか」と直接交渉を開始した。

相手は驚いた。誰も知るはずのない書類を、正体のわからぬ者から、いきなり売ってくれと申しこまれたのだから、気味の悪いことおびただしい。いろいろ思案した結果思いいたったのは〝おれは味方からためされている〟ということである。彼は慌てて上役のところへ駈けつけて、「こんな始末ですが、どうか私を疑わないで下さい」と大いに誠意のあるところをみせた。上役の露探長はしばらく考えていたが、明石の申し出を承諾させ、指定の日時に指定の場所へ二名の腕っ利きを張りこませ、重要書類を囮に、日本側のスパイを捕えようとした。そばで聞いていた反間のAは気が気ではない。急いで「来てはならぬ」と電報し、これが事前に明石の手に入ったので、危うく虎口をのがれることができた。なおこの書類は後日、結局明石の手に入った。

所在のわからない明石

明石の行動は神出鬼没で、旅行中偶然公使にあったときも「一体君はどこを駈けまわっているのか」と聞かれる始末である。公使館付武官の所在を公使が知らないくらいであるから、同僚や部下には全然見当がつかない。

明石に使われていた反間の一人が、明石の電報がロシア側に盗まれていることを知ったが、知らせようがなくて困ってしまった。ロシア側で探知できているのは、クルチュースキー夫人の家で明石らの会合が行なわれているらしい、という程度のことである。反間はクルチュースキーを明石の偽名と早合点し、「クルチュースキーさん、あなたの重大事件についてお知らせしたい」と至急電報をうった。驚いたのはクルチュースキー婆さんである。彼女は何も知らずにロシア不平党員に部屋を貸していたのである。もちろん明石の顔も知らない。あら、あら、といっているところを折りよく通りあわせた同志の一人が、あわててその電報をとりあげて、あやうく大事にいたらなくてすんだ。反間が知らせてくれたことによると、明石に関する郵便物は、列車の郵便車のなかで開封されていたのである。

明石のハッタリ

大した情報ももってこないのに金ばかり欲しがるスパイがいた。あまりひどいのでついに明石と大喧嘩になった。彼は憤然席を立って「もうお前の仕事はしない」と捨てぜりふをのこして帰りかけた。裏切られたら大変と、明石も逆襲に出て「おれの所にあるお前の自筆の報告書類をバラすぞ」と脅しをかけた。バラされたら彼は死刑である。書類をとり返そうとする彼と明石の大格闘は、ビックリして駈けこんできた家主の仲裁で、シャンペンをあげての仲直りになり、その後明石はあまり高くない情報を買うことができた。

純真（？）なスパイもいた

天性極めて素朴、用意も周到で、連絡には、いつも夜間つけ髭をして忍んで来るほどのスパイがいた。しかしその誠意にもかかわらず生来鈍感で、成績もあがらない。あるとき長尾中佐と二人で酷評したところが、彼は容をあらため「これでも私としては力一杯の仕事です。私は若いときから流浪の月日を重ね、命がけの仕事ばかりしてきたにもかかわらずよい目がでず、この年になってもいまだに金のために危ない橋を渡っていて、しかもこの成績で情けない次第です。しかし私はただ私の目で見たとおりのことを報告しており、決してうそやかざりや、人からまた聞きしたことはありません。あなただけが私を知って下さるものと信じているのです」といって身をふるわせながらポケットから拳銃と毒薬包みをとり出し、「私はもし捕えられてもあなたには迷惑はかけません。とっさの場合拳銃で死ねないときはこの薬を使います。誠心誠意、あなたのために命をかけて、力の限り働いているのです。どうぞ叱らないで下さい」と声涙共に下る有様に、さすがの明石も返す言葉もなく謝らされてしまった。

誘拐者か案内者か

明石は同志と密会のため、約束の列車である停車場におりた。田舎者の夫婦らしいのが近寄ってきて「あなたは○○に行くのではありませんか？」と明石のめざしてきた所をいうのでギョッとしたが、そしらぬ態で「公園を見物してからホテルに行きます。よいホテルがあったら教えて下さい」としらばっくれると、丁寧に道を教えてくれた。明石は彼らの目をかすめるつもりで、わざと教えられた通り行くと、かねて同志と打ち合わせておいた所へ出た。オヤと思ってさらに進むと、扉を半開きにして手招きしているものがある。吸いこまれるようにして内に入ると、既に数人の同志が集まっていて、遠来の明石をまちかねていた。もちろんさっきの一見夫婦者も同志で、他国者なので土地の人に顔を知られていないのを幸いに、明石を出迎えていたのである。明石にとっては誘拐者か案内者か判別に困る場合がしばしばあった。

15 明石工作を考える

明石の謀略工作とは

放火魔　ロシアという大家が、不用意に家のまわりや床下に枯れた薪をつんでおいたのに目をつけた、明石といういたずら小僧が、こまねずみのように駈けまわって火をつけたため、危うく大火になりそうになったようなものである。

救いの神　奉天会戦後、さすがの日本軍も息がきれ、敵はますます欧露から精兵を増強するにかかわらず（事実はそんなでもなかったが、日本人にはそう思えた）、われは兵員も弾薬もいよいよ不足し、知謀を誇る満州派遣軍も、もはや策なしのとき、明石工作がようやくきき目をあらわして、困難化した日露戦争にとどめをさしたのである。明石の謀略工作は当時の日本の救いの神であった。

合理的な明石工作

明石工作には、左記のとおり、成功の基礎条件が揃っていた。

1　日本はロシア政府を倒したかったし、ロシアの革命諸党もその政府を倒したかった。すなわち共通の目的をもっていた。

2　ロシアの革命勢力は有力で、革命機運は醸成されつつあったが、革命実行のためには、武力が足りなかった。日本にはロシアを攻める武力はあったが、攻め破って、首都を占領するだけの力はなかった。すなわちお互いに助力を必要とした。

3　日本軍が満州でロシア軍を攻撃することは、ロシアの革命運動の武力支援になったし、ロシア革命諸党の騒乱行動は在満露軍を背後から牽制して、日本軍の作戦を容易にすることができた。すなわちお互いに役に立った。

明石は綿密な情勢分析により、右の基本条件を的確につかみ、ロシア革命諸党の勢力を強めるとともに、その騒乱行動と、日本の軍事行動を調和して、総合威力を発揮させようとしたのである。

明石の工作は成功し、日本はその目的を達成したが、国内事情が窮迫していたため、自分だけ目的を達すると、協力者のことはかまわずに、さっさと手をひいてしまった。そのためロシア政府は全力を集中して革命運動の弾圧に指向したので、革命諸党は非常な苦境におちいり、明石は大へんつらい立ち場に立たされてしまったのである。

革命の原因はあり余るほどあった——ソ連共産党史——

帝制ロシアにおいては、労働者は資本主義による搾取と、懲役のような労働のほか、全人民に共通する人権蹂躙に苦しみ、自覚した労働者はツァー制反対の革命運動の先頭に立つことに一生懸命であった。農民は土地のないことと、農奴制のために極度に苦しめられ、奴隷状態にあった。ロシアに居住する他の民族は、二重の抑圧（自分の民族の地主と資本家の他に、ロシア民族の地主と資本家からの抑圧）の下に呻吟した。一九〇〇－一九〇三年までの経済恐慌は、勤労大衆の困窮を増大させ、戦争はそれを一層尖鋭化した。敗戦は、ツァー制に対する大衆の憎悪に油を注いだ。人民の忍耐もいよいよ最後のどんづまりまで来たのであった。革命の起こる原因は、あり余るほどあった。

太平洋戦争に欲しかった明石工作

小さな力で大きな仕事をするには謀略が必要である。英米を相手にして戦うということは、日露戦争よりも、はるかに大きな仕事であり、当然大謀略の必要があったのである。

それにもかかわらず、明石工作のようなものを計画的に行なった跡が見えないのは残念である。行なわれていたのに、不成功だったのかも知れないが、戦争指導上の大きなミスと、結果から見ていいたくなる。太平洋戦争に明石工作が欲しかった。

参謀本部、明石に期待せず

明石工作に対する中央部の態度について、当時の参謀次長長岡外史中将は、左のように述懐している。

「明石という男は理屈をいう男だ。口の達者なほどに、そんなに腕のある男とは受けとれなかった。とても彼に百万円を任せられない、と思った。しかしまあためしにやらせてみようぐらいの考えで、希望をいれてみると、語学も不十分、風采も顔つきも変なあの男が、敵国ロシア内部を攪乱して、夫婦喧嘩をさせたのだから、その手際にはまったく驚いた。それからは深い敬意を感ずるようになり、大将中の大将と尊敬している。

欧州から帰ると、まっすぐに参謀本部へ来て、二十何万円かの残金を返すときも『……百ルーブルの紙幣を若干吹きとばしたから、少し足らなくなるが、大体これで計算はあうつもりです』といって、受領証や使途の明細書をすっかり揃えて差し出した。この残金など、参謀本部でも、もちろんあてにはしていなかった。

戦後ロシアとドイツでは、かつて明石とともに働いた同志や、明石の使った工作員が続続処刑された。ドイツはロシアに親交を求めていたのと、自国内で革命運動をされては困るのとで、ロシアの革命分子粛清要求に応じていたのである。明石はたまらなくなって、帰国後二カ月もたたないのに志願してドイツ駐在勤務につけてもらったのであるが、これらの悲惨事を聞いても、これを救う方法がなく、家族を救済する資金もなく、非常に苦しんで、ついに健康を害したようである。」

一手おくれの明石工作

明石工作と満州の戦況を照らしあわせてみると別表のようになる。これでわかることは、明石の工作が六カ月先行していたら、満州における日本軍はさらに大勝楽勝をしたであろうということである。この罪は参謀本部の不決断にある。もともとこの工作は参謀本部の企画で行なわれたものではなく、参謀本部が渋っていたのを明石の熱意がこれを実行にまで引きずりこんだものである。明石の決心から参謀本部が動き出すまでの時日のおくれがこの結果となったのである。参謀本部はさらに一手早く決心すべきであった。ゾルゲの場合には、ソ連参謀本部は、自らの企画の下に、十年前から組織的に、工作を進めているのである。

ロシア軍の兵力を欧州に釘付けするための明石工作は一手おくれであったが、ロシア政府の戦争継続意志をくじくことと、日露講話談判に圧力をかけるための明石工作はタイムリーに行なわれている。たとえば旅順開城と呼応してガポン暴動は冬宮に押しよせている。奉天会戦でロシアが大敗した頃には、ロシア宮廷に暗殺者が潜入しており、ジュネーブでは連合会議が行なわれている。日本海海戦でロシア艦隊が全滅し、アメリカが日露の和平を勧告するのに策応し、明石はその工作資金の大部分を放出して各地に騒乱をおこさせ、日露講和談判中には最高潮に達している。

ロシア政府を崩壊させる目的のためには、大本営の終戦決心は早すぎた。元来、日本政府はそこまでは考えていなかったのだからやむをえないが、明石の工作が本格化したのは一九〇五年春以後で、その実効が表面化したのは九月頃であるから、日本政府が終戦を決意したのは、明石が「いよいよこれからだ」と勢いこんだ時である。長蛇を逸す、と明石が歎いたのはもっともである。

またロシア政府は終戦によって浮いた兵力を、革命党弾圧に転用し、明石とともに活動した人々の組織は壊滅し、指導者は続々処刑されて、惨憺たる有様になってしまった。自分の母国が戦争をやめたために、異国人の盟友たちを死地におちいらせたことを思えば、熱血漢明石はいても立ってもいられなかったであろう。一九〇五年末に帰国した彼が、翌年二月に早くもドイツ大使館付武官として渡欧したのもそのためであり、ベルリンに行ってノイローゼ気味になったのも、盟友たちがバタバタやられるのに、なんらの救いの手をのばすことのできなかった苦しみの結果だと思う。

極東の戦況と明石工作の対照表

年	月	極東の戦況	明石工作
一九〇四	1	日露両国動員開始。	
	2	開戦、日本軍仁川上陸、ロシア軍主力遼陽集中。	ペテルブルグを脱出し、ストックホルムに根拠を構え、シリヤクスと相識る。
	3	日第一軍朝鮮に進出、クロパトキン軍司令部到着。	
	4	鴨緑江会戦（日露緒戦）。	
	5	日第二軍大沙河上陸、南山攻撃。独立第十師団大孤山に上陸。	
	6	日第三軍を編成し旅順攻撃。日露軍主力得利寺付近で衝突。	パリに至り、コーカサス派と握手。連合会議開催の檄文費二千円（？）支出。
	7	大石橋の会戦。	ロンドンに至り、林公使にシリヤクスを引き合わせ、ついでスイスに行き不平諸党の首領と会談。

	8	遼陽会戦。旅順要塞第一回総攻撃。露軍満州に増加。	ハンブルクに至り、ポーランド党首領と会談後、ストックホルムに帰る。
	9		ロンドンに至りポーランド党を説得。
	10	沙河会戦。	パリ連合会議に成功。
	11		全国に騒乱起こり、第一革命始まる。
	12		同右。
一九〇五	1	旅順開城、露軍黒溝台の反攻。	同右、特にガポンの指揮する暴徒冬宮に迫る。コーカサス軍団釘付け。
	2		四度目の南行。
	3	奉天会戦。	暗殺者の宮廷潜入暴露す。
	4		ジュネーブ連合会議成功。
	5	日本海海戦。	五度南行してパリに至り明石工作資金を放出する。コーカサスの不平党国立銀行を襲う。

6	米国、日露両国に和平を勧告す。	武器（小銃二万四千等）入手、ポーランド不平党国立銀行を襲う。
7		バルチック沿岸のラトビア党国立銀行を襲う。武器輸送船出航。
8	日軍樺太占領、日露講和会議開始。	ロシア第二十軍団ラトビア党鎮圧のため釘付けにされ満州に行けず。各地に武器を揚陸する。 明石、英仏独三国を東奔西走し、各地の騒乱盛りあがる。
9	日露停戦	明石帰国命令を受け取る。ジョン・グラフトン号坐礁事件おこる。 モスクワ暴動、フィンランドおよびクールランド独立を宣言する。 ポーランド、キエフ、オデッサ、コーカサス等の騒乱激化。
10	日露講和条約締結。	各地の暴動いよいよ激し。
11		明石、欧州を出発。各地の暴動は武装蜂起に発展する。

年	月	事項
	12	明石、東京に着く。第一革命最高潮に達す。
一九〇六	1	ロシア政府の弾圧ようやく奏功しはじめる。暴動衰えはじめる。
	2	明石はドイツ大使館付武官として再渡欧する。

（二）ケレンスキー革命とイギリスの謀略

一九一四年に始まった第一次世界大戦は、史上未だかつてない大規模なものになり、一九一七年になっても勝敗決せず、各国とも疲労とあせりがでてきた。こうなると内政上の欠陥が表面に出てくる。問題はロシアである。この国は明石が調査報告したように、数々の内部疾患をもっている。一九〇五年日露戦争の末期に第一革命の大爆発を起こそうとしたが、危機一髪のところでロシア政府が終戦の手をうったため、大火事にならないうちに消しとめることができた。しかし余燼はまだくすぶっている。それに一九一四年八月－九月の緒戦の大敗（タンネンベルク付近で、ロシア軍五十万は、十三万のドイツ軍に敗れて、その三十万を失った）以来数々の拙戦を重ね、伝統の鈍感さと粘り強さでかろうじて局面を糊塗してはいるが、何度戦っても勝てないということは軍隊の士気を沮喪し、日々の生活が苦しくなれば、人民の不満は爆発してくる。終戦か革命かということになれば、ロシア宮廷（政権を握っていた）が終戦によろめくのは当然である。

驚いたのは英仏などの対独連合国である。ここでロシアにぬけられたのでは三年間の悪戦苦闘が水の泡になる。そしてロシア戦線のドイツ軍がフランス戦線に向けられれば、フランス軍はひとたまりもない。当然ロシアに対する両陣営の政治謀略は、ここを先途と猛烈をきわめてきた。

一九一七年二月（グレゴリオ暦三月）のロシア革命は、ペトログラード（ペテルブルグ）のイギリス諜報機関インテリジェンス・サービスの企画したものである。当時ロシア帝室にはドイツ出の皇后もあり、また怪僧ラスプーチンの暗躍があって、親独に傾き、単独講和の危険があったため、イギリスはこの帝室をたおし、ケレンスキー一派の親英民主主義政権を樹立して、ロシアの戦争脱落防止をはかったのである。

三月に革命による新政府が成立し、皇帝ニコライ二世は幽閉された。七月には首相リボフ公は辞職してケレンスキーがこれに代わったが、国内は依然騒然とし、ウクライナおよびフィンランドは独立を宣言するにいたった。

ラスプーチン

ラスプーチンは一八七三年（諸説あり）、シベリアのトボルスク政庁管内の農夫の子に生まれた不良少年で、ラスプーチンとは不道徳漢という意味の綽名である。彼は二十一歳のとき聖地巡礼を企てて、ロシア国内の寺院はもちろん、遠くコンスタンチノープル（イスタンブール）方面まで遍歴し、その間に神秘的な怪弁と暗示的な信仰療法を習得し、迷信に陥りやすい農民や婦女子の心をつかんで社会的地歩を築いた。一度彼に接した者は、どんなに意志の強い理性的な女性でも、たちまちその妖力に魅せられて、彼の意のまま動いたという。

彼が宮廷に出入りするようになったのは、第一次世界大戦前十年、日露戦争中の一九〇五年のことである。最初はある高僧の紹介でペテルブルグの貴族社会に現われたが、その神秘的な弁舌と催眠力を有する眼光とは、彼に接する貴婦人たちのすべてを魅了し、たちまちのうちに名声と勢力をえて、首都社交界の花形となった。

ちょうどこの頃ニコライ二世の皇后アレクサンドラ（ドイツ系）は周囲の圧迫や革命諸党の陰謀におびえてヒステリー症になり、さらに最愛の皇太子が不治の病にかかったのを心配して、ひどいノイローゼになってしまった。溺れるものは藁をもつかむの心境で、廷臣のすすめるままにラスプーチンを召して、愛児の病気を治療させたところ、一時危篤と思われたのが、見違えるばかりに回復した。皇后は当然狂喜して感謝し、ラスプーチンを生き神と崇めて絶大な信用をおき、万事について一切彼の進言をきくようになった。

皇后を魅了したラスプーチンは、政治や人事にも口を出し、ついにはロシア政界の黒幕の地位にのしあがった。ドイツの謀略がこれを見逃すはずがない。親独派の政治家は彼を利用し、ドイツ系の皇后を通じてニコライ二世を動かし、独露単独講和の工作を進めたのである。

皇后のラスプーチン崇拝熱は狂的に達し、皇后とラスプーチンとの結合勢力が宮中府中を毒し、さらに国民大衆の生活にも大きな悪影響を及ぼしてくると、さすがにラスプーチン放逐の声が巷におこってきた。いままでも、皇族や重臣で皇帝に諫奏するものがあったが、皇后のヒステリーにより宮廷に波乱をおこすのをいとった皇帝は、これを握りつぶし、あるいは諫める者を流罪にした。

一九一六年十二月二十九日の夜、国を憂える皇族たちは、ラスプーチンをユソーボフ大公邸の夜会に誘い出し、深夜その裏庭で射殺し、死体をネバ河畔にすててしまった。これを知った皇后は狂気のごとく怒り、事を謀った大公一味をことごとく流刑に処し、ラスプーチンの遺骸を丁寧に葬って、翌一七年二月の大革命勃発時まで花を手向けて弔っていたが、革命とともに遺骸は革命軍兵士のために棄てられてしまった。

二月革命[*]——内山敏著「ロシヤ革命夜話」より——

一九一六―一七年の冬はロシアでもめったにない厳しい寒さだった。三年目を迎える世界

二月革命——グレゴリオ暦で三月革命ともいわれる。

大戦の影響はようやく深刻となり、経済的破綻と輸送危機のため、首都ペトログラードへの食糧や燃料の補給はほとんど途絶し、工場閉鎖があいつぎ、零下四十度の寒さのなかで、飢え凍えて倒れるものが少なくなかった。大衆の窮乏はもうこれ以上我慢できぬという極限にまで達した。

二月二十三日（グレゴリオ暦三月八日）家庭婦人や女子工員たちの、パンよこせ、戦争をやめろ、専制政府を倒せのデモは、九万人のデモとストライキに拡大し、二十四日は二十万人、二十五日はゼネストになった。二十六日午後三時頃ネフスキー大通りを中心として都心の街路を埋めつくしていた群集は、突如起こった各所の銃声とともにバタバタと倒れて、白雪を血で染めた。二十七日（グレゴリオ暦三月十二日）は帝制ロシアにとって決定的な日となった。約六万の軍隊が反乱をおこし、市民のデモ隊と合流して、兵器廠や兵営に侵入して武器を奪い、裁判所や監獄を襲撃して囚人を解放し、逆に政府の高官や将軍たちを獄舎に監禁した。午後になると、冬宮、海軍省、ペトロパウロフスク要塞以外の主要官庁はことごとく反乱軍に占領された。二十八日正午海軍省とペトロパウロフスク要塞が降伏した。

かくして古いロシアは滅びたが、新しいロシアを支配するものはまだきまっていなかった。ボリシェビキは弾圧によって地下に追いこまれており、レーニンはスイスに亡命中で、スターリンは極北のシベリアに流刑されていた。軍隊や民衆は続々と国会議事堂タウリダ宮に参集し、同所に形成された革命の参謀本部、一九〇五年革命の先例にならった労兵代表ソビエトでは、社会革命党やケレンスキーの指導するメンシェビキが、多数を占め、大勢を支配していた。三月二日（グレゴリオ暦三月十五日）リボフ公爵を首班とする臨時政府（ケレンスキーは法相）が成立し、同夜十一時四十分皇帝ニコライ二世は退位した。これによりツァーリ（皇帝）を中心とする貴族、大地主は権力を失い、工業資本家を中心とする民主政権が成立し、二月（第二）革命は、一応の完了をみた。

かくして三百年にわたるロマノフ家の支配は終わったが、その後を受けて政治権力を握った臨時政府は、依然として戦争継続に全力をあげた。したがって専制政治から、民主政治に変わっても、食糧不足や輸送危機は解消せず、物価はうなぎのぼりにあがって、民衆の生活は少しもよくならなかった。平和とパンと土地を求めて立ちあがった農民、労働者、兵士は当然不満で政情は安定せず、ケレンスキーは陸相となり、七月首相となって時局収拾につとめた。

（三）明石をまねたドイツ皇帝の謀略

一九一四年以来東西に強敵を控えて悪戦苦闘をつづけてきたドイツ皇帝ウイルヘルム二世の脳裏には、明石の姿がこびりついていた。彼はロシアは武力だけでは敗れないことをよく知っており、いつかは明石流の政治謀略を使わねばならないと決意していたのである。話はさかのぼるが、彼は日露戦争中の明石の工作を注視していた。明石を尾行した密偵は、ロシア系よりもドイツ系の方が多いとまでいわれたほどである。彼は日本政府よりも高く明石を評価していた。「明石ほど金を使った男を見たことがない。しかし明石は一人で二十万人分（日本の満州派遣軍は約二十万人）の働きをした」と手放しでほめたのも彼である。

カイゼル（ドイツ皇帝）は武力をもってロシア軍を撃破するとともに、抜け目なく政治謀略の手をのばしていた。前記のとおりロシア支配層の中には、歴史的にドイツの勢力が浸透しており、謀略の温床は十分醸成されていたのである。

カイゼルの謀略はケレンスキーの二月革命によって一応イギリスに先を越された格好にな

ったが、彼は決してあきらめなかった。彼は追い付き追い越したのである。彼は明石の策を継承した。

二月革命によってロシア国内に動揺が起こるや、ドイツ大本営（参謀総長はタンネンベルク会戦で大勝した当時のドイツ第八軍司令官ヒンデンブルグで、参謀次長はその参謀長ルーデンドルフ）は、四月、当時スイスに亡命していたロシア不平党の大幹部レーニンをロシア本国に潜入させた。この時レーニンを荷物と一緒に封印した貨車で送りこんだので、封印列車事件として、後世に有名になった。

封印列車―内山敏著「ロシヤ革命夜話」より―

スイスに亡命していたレーニン一行の帰国について、スイスの共産党員フリッツ・プラッテンはドイツ公使ロンベルグと左のとりきめをした。

1　ドイツ経由の帰国者には、戦争についての過去の態度いかんを問わず、あらゆる思想をもった亡命ロシア人が含まれてよい。

2　帰国の途中ドイツ官憲側との交渉は、プラッテンだけが行ない、彼の許可なしには、いかなるものも車内に入れない。

3　帰国者は列車内では治外法権の取り扱いをうけ、旅券や荷物の検査をうけない。

4　ドイツ領通過中は、車室外に出ない。スイス国境からスウェーデン国境までは、できるだけ停車せず、速やかに通過する。

5　帰国後、帰国者と同数のドイツ人およびオーストリア人捕虜を返還させるようにする。ドイツ通過の帰国者の列車を、このように完全に外部から遮断したところから〝封印列車〟の名が生まれた。

封印列車に同意したことは、ドイツ政府にとって、ひとつの大きな投機であった。リープクネヒト等、国内の反戦国際主義者を投獄したドイツ政府が、レーニン一派に同情をもつはずはないが、当時ドイツは東西両戦線で苦闘し、しかもこの取りきめの前日（四月五日）にはアメリカが英仏露などの連合軍側に参戦しているので、あらゆる手段をつくして、ロシアを戦線から脱落させたかったのである。帝国主義戦争反対を主張するレーニン一派を帰国させたのは、この目的のために利用したにすぎない。

長い目で見れば、レーニンの帰国はドイツにとっても大きな危険であった。しかし当時食うか食われるかの死闘をやっていたドイツは、目前のことを考えるだけで精一杯だったのである。後のドイツ参謀総長ルーデンドルフは「これは大きな政治的誤りだった」と、その回想録で後悔している。

レーニンは帰国をあせっていた。ベルヌからプラッテンの取りきめ成功の通知がくると、すぐ次の汽車でベルヌに行こうといい出した。驚いたのはクルプスカヤ夫人である。次の汽車までには二時間しかない。荷物を片づけねばならないし、図書館に本を返したり、部屋代の勘定もしなければならない。「あなたひとりでお立ちなさい。私は一日おくれて……」という奥さんの言葉を「いや、一緒に行こう」とさえぎったレーニンは、手近にある一番必要な荷物だけまとめてとびだした。幸い復活祭で、汽車の出発がすこしおくれたので、ようやく間にあったという始末である。

レーニン等三十二人をのせた特別列車は、四月八日朝スイスのベルヌ駅を出発し、まもなくゴットマーディンゲンで国境をこえて、ドイツ領に入り、ここで完全に封印された。婦人と子供は二等、男は三等の座席があてがわれていた。床の上にはチョークで白線がひかれ、一行を監視するドイツ将校二名の車室との境界をなしている。

窮迫した亡命生活で粗食になれていた一行にとっては、車内でドイツ側から提供された普通の食事ですら、大した御馳走のように思われたが、この封印列車は一部で評判されたような豪華な列車ではなかった。それは貨車を改造したもので、車内には貨物がゴタゴタと乱雑につみこまれており、おそろしく汚かった。南京虫が車内のどこにもいたし、駅についても車外には一歩も出ることを許されない。つまり貨物のついでに、荷物扱いにして運ばれたのである。

封印列車はベルリンから西に進み、四月十三日ザスニッツについた。一行はここで船に乗りかえ、ズンダ海峡を渡ってスウェーデン領に入った。トルレボルグまで同志のガネツキーが出迎えた。ストックホルムではスウェーデンの社会民主党左派が、赤旗で飾った部屋で盛大な歓迎会をもよおした。スイスの亡命生活で貧乏になれ、ニシンでも大した御馳走のように思っていた一行は、つぎつぎと運ばれる山海の珍味に目を丸くした。片っぱしからガツガツと平らげ、紳士たちを扱いなれたボーイをあきれさせた。

ストックホルムからはフィンランド線の小さな汽車に乗った。農民や兵士の乗る下級車だったが、それだけにロシアの民衆の中に帰ったという感じは深かった。当時フィンランドはまだロシア領であった。

同じ車室に乗っていた一人の若い士官がレーニンに話しかけた。彼は帝制復活には反対だが祖国防衛派で、ロシアの革命を守るためには、ドイツとあくまで戦わねばならぬという、陸相グチコフの宣伝にのせられていた。レーニンはこれにたいして、祖国防衛という宣伝が、ロシア資本家やその背後にある連合国の資本家の利益のためにほかならないこと、この戦争をやめなければ、革命の目的たるパンも自由も土地も得られぬことを、相手の感情をそこなわぬように根気よく、噛んでふくめるように説明した。士官は黙って聞いていたが、だんだん顔が青ざめてきた。

四月十六日二十三時十分、レーニンはペトログラード駅についた。すぐ逮捕されると覚悟していたレーニンは、凱旋将軍のような歓迎を受けて感激した。

「親愛なる同志、兵士、水兵、労働者の諸君、私は世界革命のプロレタリア部隊の前衛である諸君にあいさつするのを幸福に思う。帝国主義戦争は全ヨーロッパにおける内乱のはじまりを意味する。われらの同志リープクネヒト（ドイツ人）の叫びに応じて、各国の民衆が武器を、その搾取者、資本家に向ける日は遠くない。諸君がなしとげたロシア革命は新たな時代をみちびき出した。社会主義世界革命万歳。」

これがレーニンの帰国第一声であった。

駅を出たレーニンは、探照灯に照らし出された装甲自動車の上に立って、さっき貴賓室で行なったのと同じ趣旨の演説をした。彼が公然と大衆の前に姿を現わしたのは、これが初めてであった。

レーニンはドイツのスパイ？

レーニンの帰国はドイツの謀略である。そして当時スイスに亡命していたレーニンは、なにがなんでも、一刻も早く帰国したかった。「レーニンはスパイである。ドイツの謀略工作員である」との噂がたったのは当然である。

レーニンもこれを予想して、封印列車に乗りこむときも〝帝国主義戦争には一切反対である自分たちは、自国ロシアで戦争停止のため戦うばかりでなく、将来は帝国主義ドイツに対しても、革命的闘争を行なう〟と言明し、別に各国の革命的労働者十一名の連署で「レーニンらがロシアに帰るのは、あらゆる国、特にドイツのプロレタリアートが、それぞれの政府にたいして戦うのを援助するためである。われわれはレーニンらが封印列車を利用する権利のみならず、義務をも有すると考える」の共同宣言を出してもらっている。また、当時スイスにいたフランスのヒューマニスト作家ロマン・ロランにも同行をたのんでいる。しかしロマンは断わった。

レーニンともあろうものが、こんなにあれこれ気をつかったのは、それだけの理由のあることで、これは彼の泣きどころであった。〝大衆は号令は聞くけれど、弁解は聞きいれない〟習性があり、悪い噂は未発のうちに押えることの必要さを、彼は自分の体験から十分知っていたからであろう。果たせるかな彼の帰国後、いろいろな噂がひろまった。「レーニンはロシアの単独講和を扇動する目的で帰国し、途中ストックホルムのドイツ大使館から金を受け取っていた」「六月下旬、ロシアが最後の望みをかけて断行した、ケレンスキー首相特命の総攻撃が失敗したのは、レーニン一派のしわざである。彼ら売国奴は、ドイツ参謀本部から金をもらって、ロシアの軍隊に敗戦思想を植えつけている」などが、その主なるものである。

事実レーニンは単独講和を主張していたし、裸同然の姿でスイスを飛び出したので、途中で誰かに金か物をもらわなくては生きていけなかったのだから、事情は微妙である。

帰国後のレーニン

四月十六日にロシア本国に帰ったレーニン一派は、戦争継続を主張する臨時政府（首相は二―七月リボフ、七月以降ケレンスキー）に反対して、直ちに終戦と革命の運動をはじめた。

ペトログラードでは七月三日に三万、四日に五十万の兵士と労働者の武装デモ隊が、政府やソビエト執行部のいるタウリダ宮（エカテリーナ女帝の寵臣ポチョムキンの元宮殿）におしかけ、銃砲弾のとびかう流血事件となり、政府は戒厳令を布告した。レーニンに逮捕令が出たのはこの時である。レーニンはかねてこのことを覚悟していた。素早く地下に潜り、七月末機関車の火夫に変装して、フィンランドに亡命した。

十月革命*――内山敏著「ロシヤ革命夜話」より――

ケレンスキーが首相となってからも、事態は改善されず、食糧不足は深刻になり、治安も

十月革命――グレゴリオ暦で十一月革命ともいわれる。

乱れ、幾百万の兵士は戦線で夏服のまま飢えと寒さでふるえていた。

農民は一揆をおこし、労働者はストライキをつづけ、ボリシェビキは次第に多数派となり、活発に反政府運動を展開しはじめた。ドイツ軍はリガを占領して、ペトログラードに向かって進撃している。

十月七日（グレゴリオ暦十月二十日）レーニンはふたたび火夫に変装して、ペトログラードに潜入し、直接指揮をとることになった。彼は二月革命の戦訓に基づいて、今回は精密な計画をたて、統一ある指導のもとに、整然たる組織的活動をするように準備した。

十月十六日ブイボルグ区のある家で、レーニン指導の下に三十人ばかりのボリシェビキ中央委員会拡大会議が開かれていた。そのときまでには、革命党の武装蜂起の準備は事実上完了し、労働者の赤衛隊と、首都の守備隊、バルト艦隊の水兵の大部は命令一下ただちに行動に移る用意ができており、赤衛隊に装備すべき武器も逐次集積されていた。

レーニンは蜂起の勝利をうたがわなかったが、万一首都の行動が失敗したときは、ウラル地方が機を失せず肩代わりして蜂起するように手配し、食糧欠乏のために新政権への大衆の支持が失われることを懸念して、蜂起と同時に、食糧列車を首都へ特別運転するように地方の党組織に指令した。

また反革命軍の首都進撃をくいとめるための軍隊の部署や、首都で占領すべき建物や軍事要点と、これに差し向ける人員など細大もらさぬ計画ができていた。このように首都と地方との行動を一元化し、詳細な計画ができていたことは、革命の歴史上かつてないことで、レーニンの科学的頭脳によってはじめて生み出されたものである。

十月革命は、一九一七年十月二十四日（グレゴリオ暦十一月六日）朝五時半頃、政府派遣の士官学校生徒隊と民警隊が、ボリシェビキ党機関紙印刷所を襲撃したことにより発火した。

印刷所を破壊されたことを知ったスターリンの指導するボリシェビキ軍事革命委員会は、装甲自動車二台を急派し、党中央委員会は、直ちに行動を開始することを決定し、革命開始の指令第一号を出した。

レーニンの作戦指導方針は、ペトログラードにある政府系武力を各地の軍隊から孤立させ、労働者、兵士、水兵の協力の下に首都の要地と重要機関を占領して首都の支配権を握り、ついで政府の本拠である冬宮を包囲攻略して、ケレンスキー以下の政府要人を逮捕するにあった。

十月二十四日の夜があけると、赤い要塞、クロンシュタット軍港の水兵五千を乗せたバルト艦隊は、革命軍の首都内の戦闘に参加するために、ネバ河をさかのぼり、首都守備の陸軍部隊は続々革命の陣営に投じてきた。

ペトロパウロフスク要塞も革命側についた。ピョートル大帝によってネバ河口の小島に築城されたこの要塞は、河をはさんで冬宮と向かいあう要衝を占め、一万挺以上の小銃その他多量の武器弾薬が貯えられてあった。これらが赤衛隊に分配されたので、工場の自衛団から出発した赤衛隊もここで一挙に、正規軍以上の装備をもつことになった。軍事革命委員会は戦闘司令所をスモルヌイから、この要塞に進出させた。

夕方になったが電灯はつかない。夜半すぎになると都心部は赤衛隊の大群で埋まり、二十五日一時－三時までの間にフィンランド線駅、ニコライ駅（モスクワ線）、中央郵便局、タウリダ宮、中央発電所など、明け方の六時には国立銀行と中央電話交換局、八時にワルシャフスキー駅といったぐあいに、首都の要所はほとんど革命軍に無血占領された。

政府機関のたてこもっていた冬宮は、二十四日夜以来革命軍に包囲されていたが、二十五日十一時ケレンスキーは、アメリカ国旗を掲げた自動車で脱出し、宮殿は二十一時の砲撃開始とともに、革命軍の総攻撃を受けて、二十六日二時十分に占領され、逮捕された政府高官はペトロパウロフスク要塞に連行された。

二十六日三時十分、レーニンはスモルヌイにおいて徹宵開催されていた第二回ロシア・ソビエト大会で、第二革命の成功を宣言し、五時絶対多数をもって支持された。この瞬間から、ロシアでは名実ともにソビエトが国の主人公となったのである。

単独講和

十月にケレンスキー政権をたおし、十一月に過激派政権（労農政府）を樹立したレーニン一派は、十二月十五日独露休戦条約を締結した。

ついで翌一九一八年二月十一日トロツキー外相は講和条約の締結をまつことなく、全軍の復員を宣言して、ドイツに対し、無条件降伏をした。

この処置は一見乱暴に思えるが、戦争を否定する社会主義者のとるべき方策としては、一つの見識である。彼らは本来、武力で争わないで、他の手段で勝つべきものだからである。

カイゼルはさらに武力支援のもとに工作を進め、連合軍の残存勢力を一掃して国外に駆逐し、ウクライナ、フィンランドなどを独立させて、ロシア領内にドイツの勢力を進展させた。

この過激派革命成功後レーニンは「十年前に、日本の明石がわれわれに大演習をさせてくれたので、今度の仕事は大変やりよかった」と述懐している。明石のまいた種は、変なところで実を結んだわけである。

ソ同盟共産党史摘録

○一九一七年の第二革命が急速な勝利をおさめたのは、一九〇五年（明治三十八年）の第一革命が非常によい準備演習になったからである。

○第二革命が最初の数日間で迅速に完成されるというように都合よく運んだのは、「一九〇五－七年の三年間に、ロシアのプロレタリアートによって示された巨大な階級闘争と革命勢力があったおかげである」と、レーニンは指摘した。

レーニンの反撃

レーニンはカイゼルに利用されてばかりはいなかったのである。ロシア軍の崩壊に乗じてロシア領内に雪崩れこんだドイツ軍は、九カ月後には自ら総退却をしなければならない皮肉な運命となった。

ロシア革命の余波は逆にドイツ国内にはねかえってき、キール軍港＊のドイツ水兵の反乱をはじめとして、全国に続々騒乱がおこり、一九一八年十一月九日にはさすがのカイゼルも、国内社会党の強制によって帝位を退き、ドイツの降伏となったのである。

レーニンは戦争には敗れても、思想戦によって、敵国を内部から崩壊させる自信をもっていた。封鎖作戦によって、飢餓に瀕していたドイツ、オーストリアはもちろん、イギリス、フランス、イタリア等の連合強国の人民も、生活の困難と戦争の惨害に堪えかねて、一日も早く終戦の来ることのみを望み、勝敗などはもはや問題でなくなっていた。すなわち全欧州が革命、内乱爆発の危険、革命思想攻勢のチャンスにあったのである。トロツキーは「われわれは講和条約に署名しないままで軍隊を解散する。対独戦線の防衛はドイツの労働者諸君に委託する」と豪語している。敵軍の背後に味方のあることを確信しての言葉である。

一度平和を考えたロシアの兵士にはすでに戦う気力はない。トロツキー宣言後十日もたたない一九一八年二月十八日には、早くもドイツ軍は怒濤のごとくロシア国内に侵入して、首都ペトログラード近くにまで押し寄せ「欧州を過激派の危険思想より救い出せ」と宣言した。ドイツの謀略はここでハッキリとレーニン一派と手を切り、反転して英仏伊などの連合国に向けられたのである。

右のように目に見える戦線は一挙に東進したが、逆に目に見えない戦線はその足もとをかすめて疾風のように西進し、ドイツ国内に火をつけてまわったのである。

キール軍港の水兵反乱事件には例のゾルゲが関係しているのは奇縁である。一九一八年一月兵役免除になったゾルゲは、ベルリン大学政治学部からキール大学へ転校し、ひきつづき政治学を勉強しつつ、当時ドイツ最左翼労働党だった独立社会民主党に入党した。この党はキールの造船所の水兵と労働者を狙っていた。ゾルゲは居住地周辺で独立社会民主党組織の

キール軍港のドイツ水兵の反乱──第一次世界大戦末期の1918年11月、敗戦が見込まれる中、イギリス艦隊への出撃命令に反抗して水兵が起こした反乱。ドイツ革命につながる。

拡大にあたり、社会主義学生団を創建して造船所にせまっていた。キール軍港における水兵の反抗がおこったのもその時である。ことのおこりは水兵たちが出航命令に従わないで、機関の火を消したことである。休戦交渉の最中に出航することは無意味だという主張である。これにたいして海軍当局は、関係者を逮捕して鎮圧しようとした。十一月三日の日曜日にキール軍港の水兵八万人は労働者と手を組んで抗議デモを行ない、ついに流血事件をひきおこし、軍艦には赤旗があがった。この騒乱はたちまち北ドイツの各港に波及し、リューベック、ブレーメン、ハンブルクでは革命的暴動がおこり、ミュンヘンでは独立社会民主党と社会民主党の協力政府の支配するバイエルン共和国が誕生した。二十三歳の青年ゾルゲは大活躍をした。彼はそれまでに居住地付近や社会主義学生団のなかで、労働運動や革命運動の歴史を教えていたが、キールの反乱がおこると、こんどは水兵や労働者に社会主義理論を説いてまわった。彼の獄中手記に「私は今でもそうした講義の一つを憶えている。ある朝早く、私は呼び出されてこっそり行く先不明のところへつれて行かれた。そこは海軍の地下兵営で、私はそこの水兵たちに、扉を締め切って、秘密の講義をするように頼まれた」というのがある。

十一月九日にはベルリンに武装蜂起がおこり、ドイツ皇帝は退位し、シャイデマンによって共和国の創立が宣言されたが、議会主義をとるエーベルト内閣と一挙にプロレタリア独裁にもっていこうとするスパルタクス団とが激しく抗争し、流血事件の後スパルタクス団は弾圧された。ゾルゲの属する独立社会民主党は、武装蜂起の決定的瞬間において、スパルタクス団と訣別し、実力行使には加わらなかった。しかしゾルゲは独立社会民主党内の左派として積極的に活動しようとしてベルリンに駈けつけたが、スパルタクス騒乱鎮定とともに、キールに送還されてしまった。

ドイツ革命の火の手が、大戦中一番楽をしていた海軍にあがったのは不思議であるが、実は不思議でもなんでもない。水兵たちがひますぎたのが原因である。ドイツの海軍はイギリス海軍に圧伏せられて、長い間軍港から出ていなかった。動かない軍艦の乗組員ほど退屈なものはない。陸軍に対しても肩身が狭い。そのうちにイライラしてき、原則どおり、〝小人閑居して不善をなす〟の心境になる。すなわち騒乱の温床は十分醸成されていたのである。独立社会民主党がキールを狙ったのは妙手であり、ちょっとした点火で大爆発になったのは当然である。

余談ではあるが、明石は一部の人に怖れられていた。当時の日本陸軍の総帥の山県有朋元帥は、明石という男は怖ろしい奴だと、側近に洩らしていた（もちろん感心の気持ちはあるが）。カイゼル・ウイルヘルム二世も明石を警戒し、日露戦争直後の一九〇六年に明石が駐独大使館付武官になったときには、敬遠して帰国させる工作をしている。後日明石の余波で帝位を追われたのであるから、なんとなく気味の悪い予感がしたのかも知れない。

注・明石大佐の経歴[*]

一九〇二年八月　駐露公使館付武官
一九〇五年十二月　帰国
一九〇六年二月　駐独大使館付武官
一九〇七年四月　帰国

明石大佐の経歴――その後、韓国併合前後に韓国駐箚軍参謀長、韓国駐箚憲兵隊司令官などを務め、1918年第7代台湾総督に就任。1919年逝去。

(四) トハチェフスキー元帥粛清事件

第一次世界大戦(一九一四年－一九一八年)後の一九二二年－三二年の頃、ドイツとソ連の両国は政治、軍事、経済の三面で深く提携していた。このとき軍事面でソ連を代表して、ドイツと交渉していたのがトハチェフスキー、ヤキール、ウボレウィッチ、エーデマン、コルクらの若手将官であった。

トハチェフスキーは軍事的天才であった。彼の戦略戦術論は全世界の兵学界をうならせ、著者らも彼の記事を満載したソ連の軍事雑誌を貪り読んだものである。彼の兵術の特徴は戦車を軍の主兵としたことである。第一次大戦末期のイギリスに現われて、歩兵の補助兵種として使われ、鋭鋒の片鱗を見せた戦車の将来を素早く洞察し、これを大量に造って陸上艦隊を編成し、火力とスピードと装甲を兼備した新しい主兵をもって、ロシアの大平原を縦横に馳駆させようとする、画期的な構想である。

元来ロシアの土地は騎馬遊牧の民族が制覇したところであり、近世になっても、乗馬を得意とするコサック騎兵集団は、ロシア陸軍の主戦兵力として全世界を恐怖させていた。この伝統をもつ彼らが陸上艦隊の構想をもったのは不思議ではないが、トハチェフスキーの兵術はこれに天才的な卓抜さを加えていた。トハチェフスキーらと接触しているうちに、ドイツ軍部は〝これは大変だ〟と気づいた。ソ連と国境を接しているのは他ならぬドイツである。一朝事あるとき、まっさきに彼の矢面に立たされるのは、なんとドイツ自身なのではないか。こんなナポレオンみたいな男に暴れられてはかなわないと、ついにトハチェフスキー一派の抹殺を考えたのである。

ドイツには、彼らとドイツ軍部間の交換文書がたくさんあった。ナチス秘密機関は、これを利用して、左記の書類を偽造した。

1 トハチェフスキーの署名のある偽手形

2 トハチェフスキーの提供したとみせかけた情報に対するドイツ側の多額な偽支払い証

3 ドイツのカナリス情報部長から発せられた偽感謝状

右をまずゲシュタポ（ドイツ秘密警察）出入りのソ連側密偵に耳打ちし、次第に工作をもりあげた後、一九三七年五月、右の書類を二百万ルーブルでソ連側諜報機関に売り渡した。

驚いたのはソ連の御大スターリン*である。彼はこの頃保身に汲々とし、反乱やクーデターに対し病的な恐怖心に駆られていたからたまらない。直ちにトハチェフスキー元帥一派を逮捕し、有無をいわさず処刑してしまった。罪なくして軍事法廷に立たされたソ連軍の柱石の消息は、断片的に日本にも伝わってきたが、なんとしても哀れでたまらなかった。ドイツの謀略機関は、スターリンの猜疑心の強いのにつけこんで、スターリン自身にその右腕を切らせてしまったのである。

トハチェフスキーの研究は、そのままそっくりヒットラーがいただいてしまった。機甲兵団と、これに直接協力する急降下爆撃機隊をもってする電撃作戦がこれである。ヒットラーはトハチェフスキーの戦法で全欧州を席捲し、さらにスターリンの喉元まで締めあげたのである。

トハチェフスキー元帥

一八九三年貧乏貴族の家に生まれ、アレクサンドル士官学校を卒業した近衛将校である。第二革命の翌年の一九一八年に共産党に入り、間もなく第一軍及び第五軍をひきいて反革命のコルチャック軍と戦った。一九二〇年には二十七歳の青年の身で、東南正面軍司令官に任

スターリン——ヨシフ・スターリン（1878〜1953）。1924年レーニンの死後に政敵を倒して権力を握ると、ソ連の最高指導者として独裁体制を敷いた。

ぜられて、デニキン軍を掃討し、同年夏の対ポーランド戦争では、西方面軍司令官として奮戦し、一九二一年には、クロンシュタットの反乱を鎮定するなど、いたるところで抜群の戦功をたてた。

国内戦終了後は陸軍大学校長、参謀次長、西部軍管区司令官、参謀総長、レニングラード軍管区司令官を歴任後、陸軍次官となり、一九三六年四十三歳をもって、世界最年少の元帥となった。

労働者出身の赤軍幹部連の中でひときわ目立った、眉目秀麗で、どことなく気品があり、クラシックな風格をそなえた武将であった。フランス語に長じ、イギリス、ドイツ語もでき、外国との折衝にも活躍している。

彼が実戦、兵学、軍事行政、外交の各面で示した天才振りは素晴らしく、ついには〝ソ連のナポレオン〟と綽名されて、内外に有名になった。

（五）日本の方向を変えた（？）ゾルゲ工作

1　ゾルゲ工作の概観

第二次世界大戦の欧州戦場で、ヒットラー軍と死闘をつづけているスターリン軍の運命は、日本の方向にかかっていた。日本が北を向いている限り、ソ連の極東軍を欧州戦場へ転用できないからである。

日本に潜入していた、ソ連スパイのゾルゲが発した〝日本は南〟の暗号電報を受けとったスターリンの喜びは、目に見えるようである。彼は直ちにシベリアにあったソ連軍の主力を引きあげて欧州戦場に注ぎこみ、ついに戦勢を逆転させてしまった。

ゾルゲの工作は、敵ながら天晴れ！　と思わず溜め息のでる出来ばえである。以下まず彼らの工作進展のあとを追ってみよう。

工作の図

スターリンの諜報パイプの尖端は、
近衛首相とオットー大使の頭にささっていた。

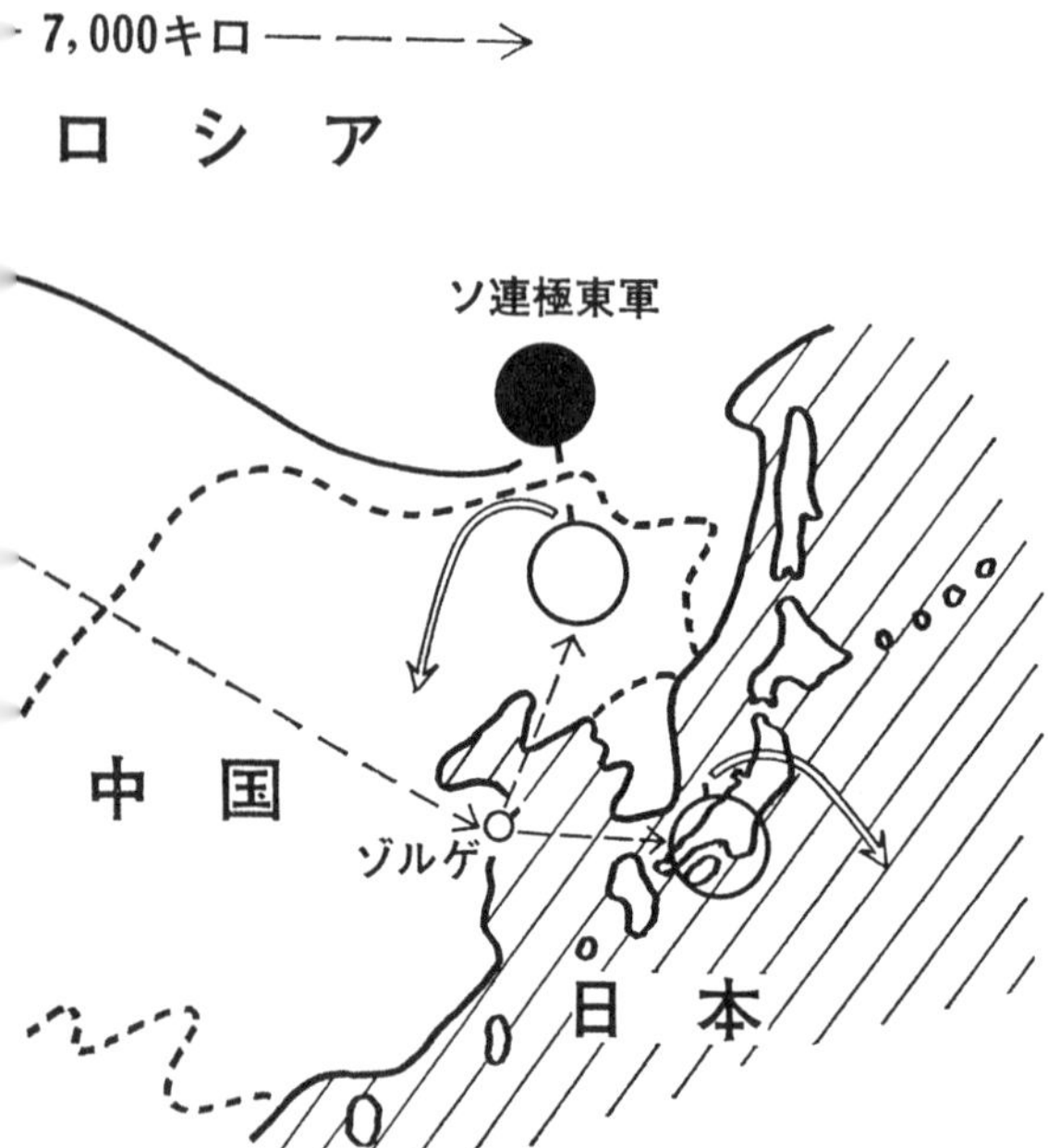

第5図　ゾ　ル　ゲ

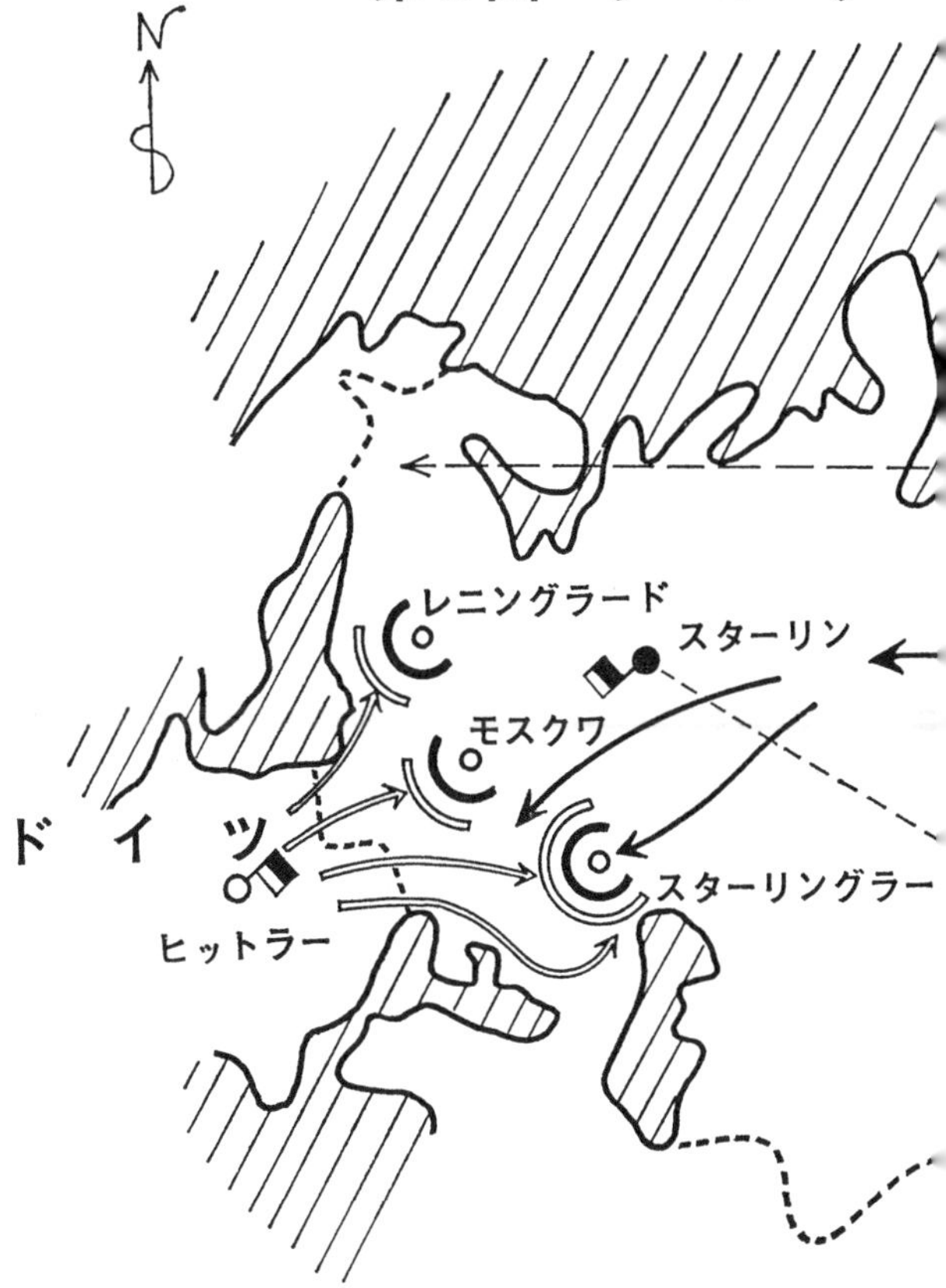

2 尾崎秀実の生い立ち

尾崎秀実*は一九〇一年（明治三十四年）五月一日、東京市芝区伊皿子町で生まれた。父秀真は当時報知新聞の記者であったが、間もなく台湾日日新聞（この新聞社は昭和三年に明石元二郎伝を発行している）の記者として台湾に移った。秀実はその年の十月、母きたに抱かれて父の後を追い、一九一九年（大正八年）九月第一高等学校（東大教養学部）に入学するまでの十八年間を植民地台湾ですごした。当時の台湾は児玉源太郎総督、後藤新平民政長官の名コンビによる巧妙な政策によって一応の治安が確立し、植民地統治が大いに進展している時であった。尾崎秀実が幼少年期を植民地台湾ですごし、統治者と被統治者の関係を日常生活を通じて感得したことは、彼の思想に大きな影響を与えている。

秀実は東京帝大の法学部政治科を卒業後、大学院にのこって社会科学を研究していたが、一年後の一九二五年（大正十四年）に共産主義を信奉するに至った。

一九二六年五月に朝日新聞に入社して社会部記者となり、一九二七年十月には大阪朝日の支那部に移った。一九二八年十一月の終わりに特派員として上海に渡った。

台湾で育って植民地の人間差別を感じ、大学生時代の関東大震災で共産主義者の弾圧を目撃し、結婚早々の二十七歳ではげしくゆれ動く革命中国の土を踏んだのである。尾崎は第一回の上申書で「私は勇躍して上海に向かいました。支那問題は私にとっては台湾以来切っても切れない深い関係があります。左翼の立ち場からする支那問題の研究は完全に私を魅了しました。私にとってはマルクス主義の研究が支那問題への関心をそったのではなく、逆に支那問題の現実がマルクス主義への関心を深めたのであります」と述懐している。当時の中国に渡った青年の誰もが一度は受ける思想的洗礼である。

上海にて

尾崎は上海において、初めはきわめて初歩的な小グループ運動から、ついに最も大きな国際的左翼組織の中へ入っていった。

尾崎夫婦は、上海日本租界の古着屋の二階を借りて落ち着いた。尾崎は生きた中国の姿をジャーナリストとして貪欲なまでに吸収した。まず新聞を読んだ。各種の新聞を一字のこさず、批判的に、しかもメモをとって読んだ。

当時の中国は、革命反革命の勢力が入り乱れて激動していた。すでに第一次の国共合作が

尾崎秀実――おざき・ほつみ（1901〜1944）。

破れ、蔣介石のひきいる国民党は単独で北伐を完了し、武漢政府をおわれた共産党員は広東、湖南、江西の各省で農民の騒乱を指導してまわっていた。北京はなお北方軍閥の支配下にあり、南方の諸都市には反革命の嵐が荒れくるっていたのである。

尾崎は後日、予審訊問に答えて「当時の上海には支那革命の余波が多分に残っていましたので、若い私はこれを革命のルツボだと思いました。また支那の植民地・半植民地化の状況がマザマザと見え、あらゆる左翼文献が自由に手に入り、おもしろくて仕方がありませんでした。私は目の前に公式どおりに、世界変革の過程の実相が見えるような気がしました」といっている。

尾崎は学究の立ち場から、中国革命の協力者に逐次変わっていった。

一九二九年の暮れ、尾崎はアメリカの婦人共産党員スメドレーと知りあった。尾崎は彼女と気があい、一九三〇年十月（十一月？）尾崎はスメドレーからゾルゲを紹介された。

3　リヒアルト・ゾルゲの生いたち

ゾルゲは一八九五年十月四日、カスピ海に面したソビエト領バクーの近郊に生まれた（この地方は明石に策応して騒乱をおこしたアルメニア党の地盤である）。父はドイツからバクーに派遣された石油技師で、当時コーカサス石油会社に勤めていた。母はキエフ市の資産家コベレフの娘であった。したがってゾルゲは社会的地位の高い、裕福な家庭で育ったのである。ゾルゲが三歳のとき一家はベルリンに移った。

ゾルゲの祖父フリードリッヒ・アントン・ゾルゲは、一八四八年のバーデン戦争に二十二歳で参加し、敗戦後五二年にアメリカへ亡命した。マルクス、エンゲルスとは常時連絡をとり、第一インターナショナルの北アメリカ支部創設（一八六九年）、第一インターナショナル本部のニューヨーク移転（一八七二年）に協力し、約二年間本部の総書記をつとめた。

ゾルゲがロシア人を母にもち、バクーで生まれ、社会主義者を祖父にもったことは、彼の思想形成に重要な影響を与えた。

従軍

一九一四年第一次大戦がはじまった。オーベル・レアール・シューレ（高等実科学校）の学生で、十八年八カ月の彼は、卒業試験も受けないで陸軍に志願して、西部戦線に従軍し、一九一五年負傷して本国へ送還された。次は東部戦線に従軍し、一九一六年に二度目の負傷をし、さらに三度目の負傷で大腿部骨折の重傷を負って、兵役免除となった。彼は戦功により二等鉄十字章をもらった。

戦場の惨烈、国内生活の困窮、戦友から聞いた労働者の悲惨な生活の話は、多感で、異常な戦場心理に支配されていた青年ゾルゲに、非常な影響を与えた。厳しい政治的変革以外に、この無意味な戦争をやめさせる方法はないと自覚した頃、三度目の負傷で入院し、その病院生活中、社会党員である看護婦とその父から、思想的洗礼を受けた。ゾルゲがレーニンの思想と行動に、本質的理解をもちはじめたのはこの時である。

ゾルゲは獄中手記で、コミュニストになった経過について「一九一四年－一九一八年の世界大戦は、私の全生涯に深刻な影響を与えた。かりにほかのいろいろな要素からは影響を受けなかったとしても、私はこの戦争だけで、立派に共産主義者になったものと思う」と書いている。

キール軍港の水兵反乱事件

一九一八年一月ゾルゲは兵役免除となり、キール大学へ転校した。有名な水兵反乱事件およびその前後の期間、彼は独立社会民主党（当時の最左派）の党勢拡張と水兵の理論的指導に努力した。

一九一八年の暮れハンブルク大学に移り、二〇年九月には卒業して学位を得た。同年十月ドイツ統一共産党が結成されるや、十二月ゾルゲはこれに加入した。

彼はハンブルク、アーヘン、ラインランド、ルール、ベルリン、フランクフルト、ザクセン、チューリンゲンの各地を東奔西走し、言論と実行とで革命運動につくした。彼がこの間フランクフルト大学講師という表看板をもっていたことは、地下運動を迷彩するために大変役立っている。

ゾルゲは二十代を戦争と革命の嵐のなかにすごしたのである。

コミンテルン要員としてモスクワへ

一九二四年四月フランクフルトにおいて、第九回のドイツ共産党大会がひらかれ、コミンテルン本部からピャトニツキー、マヌエルスキー、クーシネン、ロゾフスキーらが密入国をして参加した。ゾルゲは彼らの接待員となり、献身的な努力をした。このときにおけるゾルゲの人物、特に冷静な判断と果敢な行動力は、彼らに高く買われ、その推薦で、ゾルゲはコミンテルンの情報部要員に抜擢された。一九二四年ゾルゲはモスクワに出発し、二五年一月ソビエト共産党に移籍して、情報部の仕事に着手した。

コミンテルン情報部員となったゾルゲは、二七年以後欧州各地をとびまわって活動した。彼はこの二年間の経験に基づき、彼のグループをコミンテルンの組織から分離することを提案した。

それまでのコミンテルンの海外派遣員は諜報と党活動の二重の仕事をしていたが、万一党役員が検挙されると、党活動組織と諜報組織が一挙に崩壊する恐れがあるのと、諜報活動は少数の人員で極秘行動をとらないとばれる心配がある、というのがゾルゲの意見であった。

後日ゾルゲは上海に赴いたときも、中国共産党との接触をさけ、日本に移ってからも、日共とは連絡せず、謀略工作にまで手を伸ばそうとする尾崎を押えていた。日共幹部の伊藤律が、北林トモをゾルゲ・スパイ団の一員であることを知らなかったのも、このためである。

一九二九年十月ゾルゲは、ベルディンを長とする赤軍参謀本部第四部（諜報謀略担当部）の系統に入り、軍事工作に専念することになった。彼はコミンテルンとの関係を絶たれ、同志との個人的接触を禁じられて、直接の責任者とだけあった。すべてが秘密裏におこなわれ、完璧な分離方式がとられた。

上海へ

ゾルゲは中国行きを希望した。彼は「中国革命、およびこれに関連して起こるべき日本の満州に対する動きは、ソ連の政策の変更を要求するようになり、ヨーロッパおよびアメリカに甚大な反響をまきおこして、世界の勢力均衡を破ることになる。極東ではまた、革命的労働運動が勃発する」と判断していた。

ゾルゲは中国に出発するにさきだち、赤軍第四部の東方課、政治課、暗号課をたずねて打ち合わせをし、一九二九年十一月ベルリンで社会学雑誌社と通信契約を結び、一人のジャーナリストとして、一九三〇年一月上海についた。中国における革命と反革命の嵐は、他の人に対すると同様、たちまち彼の心をアジアの大地にひきつけた。時にゾルゲは三十四歳であった。

4　ゾルゲと尾崎、上海の出会い

一九三〇年一月上海に到着したゾルゲは、その年の秋になると、情報工作のほか党の組織的な面の仕事も引き受けることになった。彼が上海で最初にこしらえた友人は尾崎であった。そして、彼を通じて他の日本人とも関係をつけた。

中国でのゾルゲと尾崎のむすびつきは、日本での場合ほど明確ではない。尾崎はゾルゲの正体をよく知っておらず、ただ第六感で彼が非合法的な仕事をしており、コミンテルンの重要メンバーではないかと想像している程度であった。

一九三一年九月十八日におこった満州事変によって、極東における日本の地位と意欲は一変した。ソ連はいままで等閑視していた広大な極東の辺境で、直接日本と触接することになった。ソ連にとっては実に容易ならざる事態である。

ゾルゲは全メンバーを動員してこの緊急事態に対処し、上海で知りうる限りの情報をあつめてモスクワに電報するとともに、尾崎にはかって、現地に情報員を派遣することにきめた。尾崎が推薦をしたのは川合貞吉＊である。川合は十月十八日頃尾崎に会い、この国際組織に参加した。川合はこの時尾崎と同年で三十歳であった。

川合は奉天を中心として情報活動をつづけ、約二カ月後一応の結論をつかんで上海にもどった。

ゾルゲや尾崎が憂慮する点は、満州における関東軍の行動が発展し、ソ連を直接脅かす存在となることだった。五カ年計画で国内建設の途上にあって、対外戦争の準備のないソ連としては、満蒙の脅威は重大であった。報告を終わると川合は直ちに満州へ引き返した。スメドレーは川合に防寒具をプレゼントし、ゾルゲは詳細な命令を与えた。

一九三二年一月二十九日午前零時、上海事変＊は勃発した。川合はその翌日再び上海へ戻ってきた。ゾルゲ、尾崎、スメドレー、川合の四人は流弾のとびかう下で再び顔を合わせた。この頃尾崎は本社から帰国命令を受けていた。ゾルゲは尾崎に、朝日新聞を退社して中国にとどまることをすすめたが、尾崎は、ジャーナリストでない自分には情報能力なしとして、これを聞かなかった。尾崎は二月に日本に向かい、川合は三度満州に発った。ゾルゲの獄中日記は「尾崎は事務的にも私的にも、申し分のない私の仲間であった。彼の情報はきわめて的確で、日本筋から得たものでは一番よかったので、私はすぐさま彼と親しい友人関係を結んだ。彼は一九三二年に上海を去ったが、それは私の活動にとって大変な損失であった。彼と中国共産党のあいだには、明らかに密接な関係があったが、当時私はそれについてはなにも知らなかった」と書いている。

尾崎もゾルゲやスメドレーを高く買っていた。彼は第一回上申書に次のように書いている。

「彼らはいずれも主義に忠実で、信念にあつく、仕事に熱心で有能でありました。もしもこれらの人びとが少しでも私心によって動き、あるいはわれわれを利用しようとするような態度があったならば、私は反発して、袂を分かつにいたっただろうと思います。ことにゾルゲは親切な、友情にあつい同志として最後まで変わることなく、私も彼に全幅の信頼を傾けて協力できました。」

川合貞吉——かわい・ていきち（1901〜1981）。大学在学中に反帝国主義運動などに関わり、1928年中国に渡り、上海で日支闘争同盟を組織する。戦後釈放され、回想録を出版。著書に『ある革命家の回想』など。

上海事変——日本人僧侶が襲撃された事件をきっかけに日中両軍の武力衝突が発生。3月に日本が上海北方を占領、5月に停戦が成立し、日本軍は撤退した。1937年の衝突と区別して、上海事変（第一次）ともいう。

赤軍第四部がゾルゲに期待した本来の目的は、日本に関する情報収集である。したがってゾルゲの上海における活動は、東京における本格的工作の前哨戦であったが、これは完全に成功した。ここにおいて赤軍第四部は、最も困難とみていた東京工作を開始したのである。

一九三二年十二月ゾルゲは上海からモスクワに呼び戻され、かねてから準備をすすめていた東京工作の責任者を命ぜられた。

ゾルゲは、赤軍第四部に対して四つの条件を提示して、承認を得た。

(1) 日本共産党およびその著名な党員とは一切関係しない。
(2) ロシア人、ドイツ人以外の白人を助手に使う。
(3) 高級な日本人助手を使う。
(4) ソ連大使館とは交渉をもたない。非常の場合以外は自分の通信網を使用する。

5 東京へ舞台を移す

ゾルゲは日本に入国するために、用心深く偽装した。合法性を獲得するために、著述家の名目でパスポートを手に入れ、ベルリンでナチス入党の手続きをすませ、完璧な身分証明書をもって日本に来た（一九三三年九月）。

その頃すでに、後にゾルゲの在日組織員として活躍するクロアチア人ブーケリッチは日本についていたし（一九三三年二月十一日）、アメリカ共産党日本人部に所属していた宮城与徳*も、前年（一九三二年）暮れに、日本帰国を上部機関から命ぜられていた（一九三三年十一月帰国）。

モスクワの赤軍第四部では、日本に対する諜報網の設置を、ゾルゲが上海からモスクワに戻る以前から計画しており、ゾルゲはその組織のキャップとして、中国から日本へまわされたかたちであった。

一九三四年五月（四月？）のある日曜日、奈良公園の猿沢池のほとりで、ゾルゲと尾崎は二年ぶりに握手した。

尾崎はゾルゲの大柄な姿を見たとき、なつかしさと同時にある種のおそれ（緊張？）を感じた。ゾルゲは「日本で働くようになったから一つ助けてくれ」といい、尾崎はそれを承知した。上海時代の体験から、ゾルゲの言葉がなにを意味するものであるか、日本人として重大な決意にせまられる問題であることは、わかりすぎるほどわかっていた。尾崎の心理は複

宮城与徳——みやぎ・よとく（１９０３～１９４３）。１９１９年に渡米し、カリフォルニア州立美術学校などで学ぶ。日系移民労働者の悲惨な境遇や米国社会の矛盾に目覚め、１９３１年、アメリカ共産党日本人部に入党。43年に獄死。「未完の画家」として後世に名を残している。

雑であった。ためらう心が動いたのも十分推察できる。しかし上海時代のゾルゲとの同志的感情とゾルゲのひたむきな要請は、尾崎の「ノー」といいたい気持ちを押し流してしまったのだろう。

尾崎は日本のため、なんとかして日ソ戦をさけたいと思っており、また日ソ戦になってしまったら、日本が敗ける方が日本人の利益になると信じていたようである。

一九三三－四年頃には、日本の満州工作は、第一段階の成功を収め、日本とソ連の間の緊張は長い間つづいていた。ソ連は〝日本はシベリアに関心をもっている〟と判断してはいたが、第一次五カ年計画実施の中途で、日本との戦争に対応するだけの準備はなく、さらに西方ではナチス・ドイツが勃興し、東西両面戦争を強いられる怖れのある、苦境にあった。

赤軍第四部は〝日本は果たしてソ連に対して本格的戦争をする意図があるか否か？〟ということを、なんとしても知りたくて、やきもきしていたのである。

ゾルゲは、社会主義の国ソビエトが、仮想敵国日本の心臓部に深くうちこんだ一本の鋭い、しかも的確な針であった。ゾルゲは尾崎と握手し、日本における活動の可能性を確かめ、組織員を獲得し、万全の配置をおえて、報告のため、一九三五年夏一応モスクワへ帰った。

ゾルゲは通信能力を補強するために、上海で知っていたマックス・クラウゼンを派遣してもらうことにした。彼はその頃ボルガ河畔の学校で、無電の高等技術を習得していた。

ゾルゲの日本における情報活動が本格化したのは、一九三六年の二・二六事件*以後である。

6　川合貞吉等の在満諜報組織の検挙

尾崎はゾルゲと再会した一九三四年の秋に東京へ移り、朝日新聞の東亜問題調査会勤務となった。

尾崎は上海時代からの同志だった川合貞吉と水野成《しげる》とで組織をつくった。関東軍の謀略機関にもぐりこみ、情報を集めていた川合は、一九三五年（昭和十年）三月下旬に帰国し、東京における右翼と軍内革新派の動向をたくみにキャッチして、尾崎に報告した。尾崎はさらに川合を宮崎与徳にひきあわせ、組織員として登録した。

陸軍内部の革新的胎動は軍務局長永田鉄山の暗殺となって火を吹き、やがて二・二六事件に発展する。しかし川合は二・二六事件の一日前に検挙されて新京警察へ送られた。彼が前に設置した在満諜報組織の一部が発覚して一斉検挙となったのだ。しかし捜査の手は川合で

二・二六事件——1936年2月26日未明、陸軍の青年将校らが首相官邸や警視庁などを襲撃し、高橋是清大蔵相や斎藤実内大臣らが殺害された。

とどまり、尾崎やゾルゲには及ばなかった。

7　ドイツ大使を信頼させたゾルゲ

一九三六年の二・二六事件が突発したとき、ドイツ大使館は事態の本質をつかむことができなくて茫然としていた。ゾルゲはすでに尾崎や宮城から有力な情報をえていたので、すかさずこれを提供し、的確な情勢判断をして、一挙にディルクセン大使やオットー陸軍武官の信任をえた。ゾルゲはこれによりアッサリと、目指すドイツ大使館に食いこむことができ、その後の工作の基盤をつくってしまった。

ゾルゲはさらにベネツカ海軍武官、オットー陸軍武官をそそのかして日本の陸海軍の情報を集め「東京における軍隊の反乱」と題する論文をナチの機関雑誌に投稿し、さらにこれがソ連のプラウダ紙に転載され、日本軍部内の対立とその性格分析の正しさを好評された。

三、四月ごろ、ベルリンで大島駐独大使とナチ幹部リッベントロップ（外相就任前）が、カナリス提督（ドイツ諜報謀略主任者）を介して秘密折衝をおこなっていることをかぎつけたゾルゲは、これをオットー武官に報告した。ドイツ大使館にはまだなにも情報が入っていなかったので、あせったオットーはゾルゲに暗号電報を組ませ、至急内容を知らせるよう、再三本国に打電した。このためゾルゲは、この年の十一月二十五日に成立した日独防共協定の内容を事前に知って、モスクワに急報することができた。

注・ゾルゲはその後、ドイツ大使館の有力筋からえた情報として、一九三六年に結ばれた日独防共協定成立の事情について「ドイツは軍事条約を欲していたが、日本はソ連とことを構えるのをきらって、反共同盟の線に落ちついた」と報告している。
一九四〇年九月二十七日に日本、ドイツ、イタリアの間で三国同盟が締結されたが、そのドイツ側の立案者は、オットー大使の内意を受けたゾルゲで、その努力を感謝したオットーは、東京で行なわれた調印式にゾルゲを参列させようとしたといわれている。

他面ゾルゲは、しばしばこの種の方法でオットーを補佐し、オットーに手柄をたてさせて、その昇進を推進するとともに、私的情報スタッフのポストを独占することにより、ついにドイツ大使館内の最高スタッフにのしあがっていった。

一九三九年、オットーが武官から大使に抜擢されたのは（ベネッカの方が先任であった）主としてゾルゲの補佐の結果である。したがってオットーの躍進につれてゾルゲの発言権は拡大され、オットーもますます彼を信頼して、正式のドイツ大使館員とならないかと、再三すすめるようになったほどである。ゾルゲはしかし、採用のさいの資格審査で自分の素性のばれるのを怖れて、最後まで民間人で通した。

ゾルゲは少なくあたえて多くを奪う、現代スパイ学の要諦をみごとに実行した。彼はこの手でオットーを操ったほか、外務省特使シュミーデンからは日独両国外交の内幕を、参謀本部経済部長トーマス少将からは国防方面の情報を、ハインケル航空会社社員ハークからは日独防共協定成立の内幕を、スターマー特使やヘルフェリッヒ特使からは日独軍事同盟締結促進の事情を、ウーラッハ特使からは日本の対ソ戦可能性打診の密命を、ドイツ国防軍のニーダーマイヤー大佐からは第二次大戦における日本の意向調査の秘密情報をそれぞれひき出し、尾崎が報告する日本の政治中枢の意向や宮城があつめるひろい国内情報と総合して、日本の軍事的政策に関する一つの明確な戦略地図を頭の中に描きあげていった。

ゾルゲはこの地図から日本の進路を予察し、その判決をクラウゼンの電波によって、上海や沿海州方面のソ連領に向けて発信した。東京の頭上をとびかうこの怪電波の発信所や正体は、ついに事件の一斉検挙にいたるまでつきとめられなかったのである。

8 近衛首相のブレーンとなった尾崎

ゾルゲがドイツ大使館内で大使の信任を受け、特殊な地位を獲得している間に、尾崎の発言は言論界で重視され、政界の中枢に接近していった。

彼の発言が言論界で認められたきっかけは、一九三六年末におこった西安事件についての情勢判断である。この事件は中共軍を討伐中の張学良を督戦に行った蔣介石が、逆に張学良のために西安で監禁されて、抗日を強要されたことである。十二月十二日に突発したこの事件は、翌十三日に日本の各新聞社に入電した。すでに蔣介石は暗殺されたといい、事件の真相のわからないままに虚実入りまじった報道が乱れとんだ。尾崎はその十三日に、蔣介石は生きていると断言し、学良軍の下部からの圧力がもたらしたクーデターだと、事件の本質と方向を指摘している。

西園寺公一は「尾崎の西安事件の解釈と、これが将来国民政府に与える影響についての判断は、真に適切で好評であった。彼はこれによって言論界にデビューし、ジャーナリズムの脚光を浴びることになった」といっている。これは尾崎の長年にわたる中国研究の実力がものをいったのである。

尾崎は朝日新聞の論説委員をしていた佐々弘雄の紹介で、一九三七年四月ごろ、後藤隆之助の主宰する昭和研究会に参加した。彼が所属した支那問題研究部会の責任者は風見章《かざみあきら》だった。風見はその年の六月に成立した近衛内閣*の内閣書記官長に就任し、尾崎はその後任となった。

近衛内閣――近衛文麿（このえ・ふみまろ）を総理大臣とする内閣。第一次（1937年6月～1939年1月）、第二次（1940年7月～1941年7月）、第三次（1941年7月～同10月）がある。

った。

一九三七年七月蘆溝橋事件がおこり、七月十一日の重大閣議開催を知るや、尾崎は直ちに風見に面会していろいろつっこんだ意見具申をしている。

一九三八年七月尾崎は近衛内閣の嘱託となった。風見書記官長の希望と岸道三、牛場友彦両秘書官の斡旋によるものである。ここにおいて首相官邸の地下の一室にデスクをおき、書記官長室や秘書官室に自由に出入りできる資格をうることになった。ゾルゲ工作の鎗先は、ついに日本国の政治中枢部に突きこまれたのである。

9 ドイツはソ連を攻撃する

一九三九年九月、ドイツのポーランド侵入によって第二次大戦の幕がきっておとされてからは、ゾルゲはドイツ大使館の情報宣伝課で、オットー大使の私的情報官として、情報業務を担当することになり、毎日午前六時から十時まで、この仕事に専念した。彼は特別室で、集まってくる秘密書類に目を通し、コピーをとってモスクワに送っていたのである。第二次大戦に対する日本の熱意の消長も、日独伊三国同盟締結に関する情報も、ドイツの対ソ攻撃準備の秘密指令も、ゾルゲの触角から逃れることができなかったのはあたりまえである。

尾崎の活動は、その間も休みなく、政局の推移を追ってつづいていた。一九三八年七月、内閣嘱託になった彼は、張鼓峰事件や汪兆銘工作に着目し、国民再組織問題に関心をはらうとともに、政府の政策決定に積極的に働きかけた。また言論界に進出して、東亜共同体論、東亜新秩序問題に独自の論を展開し、現実政治に密着した行動をしめした。

一九三九年一月四日、第一次近衛内閣が辞職してからも、彼はひきつづき近衛のブレーン・トラストの間でもたれていた朝飯会に出席していた。しかし第二次近衛内閣成立以後は次第に近衛の周辺から遠ざけられるようになった。

一九四一年（昭和十六年）に入ると、彼らの工作の焦点は

日ソ関係

独ソ開戦の時機

日米交渉の経過

の三点をめぐって、日本の最高政治がどう動くかに絞られた。

松岡外相が日ソ中立条約を結んで帰国した一九四一年春ごろ、ゾルゲはドイツ外務省の伝書使や特使のもたらす本国情報によって、ドイツの東部国境への兵力集中がはじまっていることを知った。クレッチメル陸軍武官からはドイツ側の開戦準備完了を聞き出し、ニーダーマイヤー特使からはナチス・ドイツのソ連侵略目標の詳細をさぐり出した。

ゾルゲはショル中佐から
(1) ドイツの対ソ攻撃開始は六月二十日の予定で、おくれても二、三日にすぎない。
(2) 東部国境に集中したのは百七十－百九十師団で、そのほとんどが機械化されている。
(3) 攻撃は全線にわたって同時に開始され、主力はモスクワとレニングラードに向かった後、穀倉地帯ウクライナへ転向する。

のドイツ軍作戦構想を知ると、直ちにこれをモスクワに打電した。この情報は攻撃開始日次が一日違っただけで、すべて的中した。独ソ戦開始後、ゾルゲのこの功績をたたえる電波が、はるばるモスクワから彼のところへ贈りとどけられたのは当然である。

10 日本の方向は南

日ソ中立条約成立や独ソ開戦によって、一時的に緩和したかに見えた日ソ関係は再び緊迫した。とくに七月に行なわれた大動員（関東軍特別大演習—関特演）は重大な危機をはらむものとして、ゾルゲや尾崎の関心をひいた。

尾崎は第二十二回検事訊問調書で次のように述べている。「直接われわれの力によって日本の対ソ攻撃を阻止することは事実上不可能なので、できるだけ情報を収集してモスクワに送り、コミンテルンやソ連政府の情勢判断を的確にさせることにより、ソ連防衛を全くさせることに努力を集中した。」

モスクワの上部機関は、ゾルゲ・スパイ団の諜報活動に十分満足し、謀略工作にまで進出することを厳禁した。下手に欲張って、計画外の謀略工作でヘマをし、せっかく作った諜報工作の基盤までもフイにする危険を怖れたからである。しかし日本の対ソ攻撃が始まるかどうかの決定的瞬間においては、彼らは単なる諜報活動だけでは我慢できなかった。

尾崎は近衛グループのなかで強硬に日ソ開戦反対を唱えた。尾崎はゾルゲに向かい、「日本の鋒先を南方へ転じさせることができる」と主張し、ゾルゲは「任務の限界をふみこえることを認めてほしい」とモスクワに打電している。

尾崎の主張は「ソ連は日本と戦う意思はない。日本がシベリアに侵入すれば持久策をとり、逐次抵抗をして退却するだけである。日本は戦いに勝っても東部シベリアおよびその隣接西方地区を獲得できるだけである。米英は、日本がこの作戦で石油と鉄をつかいはたしたところを狙って開戦してくるかも知れない。そんな冒険をしなくても、ドイツがソ連を破れば、苦労しないでもシベリアは日本の手に落ちてくる。日本の膨張政策を有利に展開する方策は、南進以外にない。日本の発展を阻止している真の敵は米英なのである――」ということである。

尾崎は日本の国策を北進から南進へ変更させるために奔走した。それがどれほど現実の国策決定に影響をおよぼしたかわからないが、結果からだけいえば日本の国策は急角度に南転し、尾崎の願いを満たすことになった。尾崎は「日本の方向は南！」と報告した。

日本はソ連を攻撃せず！

独ソ開戦とともに、ゾルゲ・スパイ団の諜報工作は〝日本が東方からソ連攻撃を開始するか否か〟の一点に全努力を集中した。

ソ連としては、このことが判明しなければ、いかに欧州戦線でドイツ軍の猛攻を受けても、極東ソ連軍を転用することができないからである。

ゾルゲもこの問題に対する回答を、すぐには出せなかった。日本政府そのものの態度が、なかなかきまらなかったからである。

オットー大使は、日本政府に対し、必死に働きかけて〝日本が対ソ戦を開始して、ソ連軍の有力部分を極東に抑留する〟ことを盛んに主張した。

尾崎は、独ソ開戦後まもなく、日本が独ソ戦に対し、中立態度をとることに決定したのを知った。しかし戦勢の推移により、いつ対ソ戦にふみきるか信じられない。

七月二日に御前会議がおこなわれて、南進国策に基づく南北総合作戦方針が決定し、七月の大動員により、北に二十五万、南に三十五万、内地に四十万という兵力配置が行なわれた。しかしこれでも尾崎は安心できなかった。

日本軍が南部仏印に進駐したことによって、対米関係は急速に悪化し、対日経済封鎖（ＡＢＣＤ包囲陣）がとられたこと、独ソ戦がスモレンスク地区で膠着状態に陥り、日本の首脳部に、ソ連強しとの印象を与えたことなどより、尾崎は八月の末に初めて「年内に日本の対ソ攻撃なし」と報告している。

九月に大連の満鉄本社の会議に出席した尾崎は、そのチャンスを利用して、七月動員による満州各地の軍隊の動静を自らの目で見て、日本の対ソ戦中止の実況を確認した。彼の工作は完璧である。

日米交渉を注目する

尾崎が満州旅行をして「日本に対ソ攻撃の意図なし」という判決の駄目押し調査に成功すると、ゾルゲ工作の重点は日米交渉の推移に移された。

一九四一年九月に入ると、日本軍が南方で作戦行動を開始する意図がはっきり現われてきた。海軍は作戦準備を完了し、陸軍は満州から続々部隊を南下させている。九月末になると情報通の間では、日米交渉の決裂、第三次近衛内閣の退陣がしきりにささやかれはじめた。

尾崎たちは日本の軍事行動が、どこに集中指向されるかを見定めようとし、主として日米交渉の推移を見守った。尾崎は近衛の側近の一人から「日米交渉の期限を十月末で切り、期限までに成果のあがらない場合は、海軍はただちに南方海域で行動をおこす」という情報をえた。さらに直接海軍側からキャッチした情報では、期限はなお短縮されて、十月の第一週までということであった。

ゾルゲは九月末にこの情報をモスクワに打電させたが、無電係クラウゼンは送信を怠った。しかし十月四日には「十月中旬までにアメリカが日本と妥協する用意がない場合は、日本は攻撃を開始し、さらにマレー、シンガポール、スマトラを狙うが、ボルネオ攻撃は断念する」と打電し、さらに「日本軍の南進行動の開始は十月末から十二月末に変更された」と追報した。

近衛公を情報源とする尾崎の情報は、当然詳細を極め、かつ正確であった。

十月十五日の報告では、ゾルゲは「日本は南進策実行に決定したから、関東軍がシベリア国境をこえてソ連を攻撃する危険は、現在のところない」と結論している。

ゾルゲ・スパイ団（特に尾崎）の情勢判断は正しかった。そしてソ連は、日本の意図を全部知っていたのである。

この頃になると、さすがにゾルゲ、尾崎の周辺には検挙の危険が迫ってきた。ゾルゲは日本での活躍の幕を閉じることを決意し、きびしい警戒の網を脱して、次の舞台に向かう行動にとりかかり、この旨モスクワに電報した（この電報はついにとどかなかった）。

尾崎秀実は十月十五日に目黒の自宅から検挙され、ゾルゲは十八日に永坂町の自宅で逮捕された。第三次近衛内閣はたおれ、ゾルゲの検挙されたその日に東条内閣が成立した。

11

ゾルゲ・尾崎の経歴と世界情勢の推移

	ゾルゲ	尾崎	世界情勢
一九二八	コミンテルン情報員として欧州で活動する。夏の第六回コミンテルン大会に参加。	11月上海赴任。中国を研究し左翼文化運動に参加する。	3月三・一五事件。6月張作霖爆死。夏コミンテルン第六回大会。10月ソ連第一次五カ年計画発表。
一九二九	軍事諜報活動に入る。1月クラウゼン上海到着。	暮れにスメドレーを知る。	4月四・一六事件。10月世界大恐慌。
一九三〇	1月上海到着。	ゾルゲと会う。	
一九三一	10月川合組織に参加。		9月満州事変勃発。
一九三二		2月大阪に転勤。12月北京でスメドレーおよび川合に会う。	1月上海事変。3月満州国成立。5月五・一五事件。

一九三三	1月モスクワ帰還。9月来日。2月ブーケリッチ来日。11月宮城帰国。		2月熱河作戦。3月国連脱退。5月滝川事件。
一九三四		5月奈良公園でゾルゲと再会。9月東京へ転勤。	8月ヒットラー総統就任、ソ連は日独から攻撃されるおそれがでてきた。10月中国紅軍長征開始。
一九三五	7月モスクワ行。11月クラウゼン来日。		7月フランス人民戦線結成。8月中共抗日救国宣言。10月イタリアはエチオピアに侵入。
一九三六	ドイツ大使館に食いこむ。	1月川合検挙。7月ヨセミテ会議出席。言論界で認められる。	2月二・二六事件。7月スペイン内乱。11月日独防共協定成立。12月西安事件。
一九三七		4月昭和研究会入会。	6月第一次近衛内閣成立。7月日華事変開始。
一九三八		4月北林トモ組織。7月朝日新聞社退社、近衛内閣嘱託、朝飯会メンバーとなる。	3月ドイツ、オーストリアを併合。11月東亜新秩序建設声明。12月汪兆銘重慶脱出。

一九三九	中国旅行。	1月内閣嘱託を辞す。6月満鉄嘱託、支那問題研究室主宰。三井物産情報部と情報交換。	1月近衛内閣辞職。5月ノモンハン事件。8月独ソ不可侵条約締結。9月第二次世界大戦。
一九四〇		2月支那抗戦力測定会議出席。9月満州国協和会大会出席。	3月汪兆銘政権樹立。6月フランス降伏。9月日独伊三国同盟締結。10月大政翼賛会創立。
一九四一	「六月二十日頃、ドイツはソ連を攻撃す」と報告。10月一斉検挙。	「ドイツはソ連を攻撃する」「日本の方向は南」「日本はソ連を攻撃せず」と逐次重大報告をする。8月満州旅行。9月北林トモ検挙。10月一斉検挙。	4月日ソ中立条約成立。6月独ソ開戦。7月関東軍特別大演習（一種の対ソ動員）。8月大西洋憲章発表。10月東条内閣成立。12月太平洋戦争開始。
一九四二	5月司法省事件発表。		6月ミッドウェー海戦。8月スターリングラード攻防戦。11月連合軍北アフリカ上陸。

一九四三	5月ゾルゲ事件初公判、9月死刑判決。	9月死刑判決。8月宮城獄死。	2月ガダルカナル島撤退。9月イタリア降伏。
一九四四	11月死刑。	11月死刑。	6月連合軍ノルマンディー上陸作戦。
一九四五（昭和20）	1月ブーケリッチ獄死。10月政治犯釈放。		5月ドイツ降伏。8月日本降伏。

12 ゾルゲ工作を考える

トップを狙ったゾルゲ工作

ゾルゲ工作の特徴は敵国のトップに食いついたことである。日独ソの三国関係をテーマとする工作で、単刀直入、日本の首相とドイツ大使を手に入れたのである。虜になった方の迂濶さは論外とし、ゾルゲ、尾崎の腕前は見事なものと感服のほかない。

ゾルゲがオットー駐日大使の私設情報秘書となり、尾崎が近衛首相の有力ブレーンになったことは、この二人が有能な人物であった証拠である。また彼らの提出する情報なり情勢判断が、利用価値が大きかったことを意味する。二人のコンビもよかった。近衛のブレーンである尾崎がゾルゲに洩らす日本国政の最高方針は、ドイツ大使にとっても、ソ連同様に珍重に値するものであったし、共産主義者である尾崎自身の情勢判断、ソ連政府およびコミンテルンに直結するゾルゲが、適当に尾崎ににおわすソ連中共の情勢は、近衛首相にとっては最高の魅力だったに違いない。

彼らは首相最高のブレーンたり、大使のスタッフたりうる資格を十分備えていたのである。ソ連当局の人物選定眼の勝利である。

位置選定の勝利

ゾルゲと尾崎は情報の流れ路を看破し、その源泉である近衛首相とオットー大使の頭の中へ、モスクワからのびてきた諜報パイプをつっこんだのである。あらゆる情報は、すらすらとモスクワへ流れてしまった。

日本とドイツの考えはその国民よりもソ連参謀本部の方がよく知っていたわけである。両国特に日本が、ソ連に翻弄されたのは当然である。

ゾルゲと尾崎の位置選定の勝利である。

十年前より準備した

ゾルゲが日本に来たのは一九三三年であるが、その前の一九三〇年には、すでに上海において尾崎と握手し、人の組織を作っている。モスクワ当局が日本に特別な工作網を設定したのもその頃で、ゾルゲ機関が「ドイツはソ連を攻撃する」「日本の方向は南」の重大情報をキャッチした一九四一年の十年前である。

驚くべき成功

ゾルゲ・スパイ団が日本で活動したのは一九三三－四一年の八年間で、彼らはこの長期間にわたって、巧妙かつ大胆なスパイ活動をし、数々の大成功をしている。

ソ連は彼らの諜報により、一九三三年－四一年の日本の実力とその考え、すなわち軍事力、工業力およびその動向を完全に把握し、絶えず日本の戦争計画の状態を熟知していたので、これに応じて、適切な作戦計画を立てることができた。

約十六名のゾルゲ・スパイ団が、戦時厳戒下の日本内地において、八年の長期間にわたり、これだけの大活躍をしているにもかかわらず、なんらの不審もうけず、監視されることもなく、完全犯罪に成功している。そして発覚の端緒は全くの偶然であって、決して諜報活動の失策に起因するものではない。驚くべき成功である。

発覚のいとぐちとなった伊藤律

戦後日共の指導者となった伊藤律は、一九四一年六月非合法活動の疑いで検挙された。彼は敵である警察の手を利用して、裏切り者北林トモを罰するつもりで「彼女は共産党員で、現在スパイを働いている」と密告した。伊藤は彼女がゾルゲ・スパイ団の一人であることを知らなかった。ただ彼女がアメリカで共産党員だったのに、日本に来て以来共産党と連絡を絶っていたのを（ゾルゲはスパイ活動と党活動を分離する主義）裏切り行為と誤解して憎んでいたのである。

警察は直ちに北林トモに目をつけ、一九四一年九月二十八日和歌山県粉河町で検挙し、彼女の自白で、その指導者宮城与徳から尾崎、ゾルゲと、いもづる式に全員検挙することとなったのである。

ゾルゲ工作がなかなか発覚しなかったわけ

ゾルゲ・スパイ団がなかなか発覚しなかったのは、特別のスパイ活動をしなかったことと、金を浪費しなかったことが原因である。

特別なスパイ行為をしなかった

ゾルゲは裁判において「なんにも悪いことはしていない」と抗弁している。「……オットー大使とショル海軍大佐は私に報告書作成を依頼した。特にショルは私を信頼し、彼がドイツ本国に送る報告は、すべて目を通してくれと要求した。私はその写しをとってモスクワへ報告しただけである。尾崎の情報は主として朝飯会における談話から出ている。朝飯会は政府機関ではないし、そこで話されたことは、他の同種団体でも普通に論議されていたことで、公然の秘密である。尾崎はただそれを私に話しただけである」というのが彼のいい分である。少々こじつけ理屈ではあるが、これは真相であろう。

彼らのように高度の政治経済上の教養をもち、情報の流れを看破して、その中に位置すれば、一国の政策の方向などは自然にわかってしまう。なにも危険をおかして小策を弄する必要はない。実に彼らは最高のスパイであった。

ゾルゲの三原則

ゾルゲは左記原則によって団員を指導した。

1　諜報団員は各国人で構成していたが、ロシア人は使用しなかった。
2　諜報団員は、共産主義者か、その同調者が主であったが、共産党との交際はさけさせた。
3　諜報団員の団体行動は絶対にさけ、団員相互の交際もできないようにしておいた。

したがって、諜報団員は共産主義のために働いていることは知っていたが、当面している仕事については、その目的も性格もはっきり知らず、いかなる指揮系統に入っているかもわかっていなかった。尾崎もジョンソンと名乗る彼の本名がゾルゲであることを知ったのは、一九三六年、ヨセミテの太平洋問題調査会に出席後、東京で行なわれた研究会で、蘭印代表の一人から「こちらがリヒャルト・ゾルゲ博士です」と紹介されたときのことである。

ゾルゲは日本を研究していた

ゾルゲは中国と日本の政治、歴史、文化に関する書籍を読破している。彼が検挙されたときの蔵書約千冊のうちほとんどが日本に関するもので、日本書紀、古事記、万葉集、平家物語、源氏物語などの外語（除くロシア語）訳などもあった。彼はいっている。

「私は日本の古代史、古代政治史、古代社会経済史を研究し、上代からの日本発展の資料を集め、特に神功皇后の朝鮮征伐および秀吉時代の歴史に興味をもった。

私は日本の農業問題から入って中小企業、大企業をへて重工業問題に至る実態を体系的に研究した。また日本文化・芸術の発達、特に江戸時代の芸術には興味をもった。

私は新聞、雑誌、政府機関のパンフレットを集め、必要記事は抜粋して英語またはドイツ語（ロシア語は厳禁）に翻訳して詳細に分類整理させておいたが、これは大変役立った。

私は文書のほか、生きた資料、すなわち尾崎、宮城等の知識を尊敬した。彼らと種々な問題を論議することが大変役立った。これによって、外国人では到底理解できない、日本の特殊事情がのみこめたのである。

私は日本内地をよく旅行した。これは諜報のためではなくて、日本の国および国民をよく知るためであり、私の歴史、経済の研究の基礎をうるためであった。諜報団員と一緒に旅行したことはない。

私が日本を広く研究したことは、真偽混合してくる多数の情報を審査して、大勢を誤りなく判断するために非常に役立ったばかりでなく、私が日本研究の記事を雑誌に投稿することにより、スパイ行動を偽装することができた。」

尾崎と宮城のスパイ活動

スパイ活動について尾崎は次のようにいっている。

「私の諜報活動には、なんら技術的に特別な方法は用いなかった。私が成功したのは一に私の仕事に対する態度にあった。私は元来社交的な人間だ。だれとでも友達になれる。それに私は世話好きだ。交遊範囲も広く、皆と親しかった。私の情報はすべて、これらの友人からえたものばかりだ。

私は特別な情報は求めなかった。私はさしあたり手近な問題について自分の意見を定めた。各種の報告や風聞に基づいて、全般の情勢を判断した。この政治的に不安定な時代には、個々の断片的なニュースには、たとえそれが非常に重要な機密事項でも、真価は少ない。重大な決定でも、いつ変更されるかわからない。政府や軍が、ある決定を押し通そうとしても、不慮の客観情勢のため変更を余儀なくされることも少なくない。重要なのは、個々の情報よりも大勢を判断することだ。ただ私は〝日本がロシアを攻撃するかどうか〟の問題だけは、事前に知ろうと望んだ。……」

宮城与徳は尾崎と違って、もっと細かい情報の収集にあたった。たとえば師団の動員、新兵器、兵力の移動などである。これらの情報は、普通に酒場、病院、洋裁学校、兵営などで容易にえられる種類のもので、宮城はそれを、自分の情報網で根気よく集めた。

ゾルゲ工作の資金

およそ二十名の団員を抱えて、偉大な仕事をしたゾルゲ・スパイ団の費用は、月々二千円(当時千五百ドル)以下という少額であった。団員中十九人は主義のため働いた。月々の費用は生活費などで、仕事に対する特別な報酬は支払われていない。

尾崎は数人の助手をかかえていて、いつも金に困っていたが、自分の金としては一円もとっていない。

ゾルゲは毎年決算報告をモスクワに送っていたが、これによると一九三六－四一年の間に合計四万ドル受け取ったことになる。そして一九四一年六月二十二日以後モスクワに送った情報は、ソ連にとっては数百万ドル（数億円）の価値がある。このためにソ連は東方の兵力を西方へ転用して、ドイツ軍の侵入をくいとめることができたのである。

ゾルゲの成功は尾崎の獲得から

ゾルゲ・スパイ団の二大殊勲は「日本の方向は南」「ドイツはソ連を攻撃す」の特種を適時報告したことである。そして前者は尾崎が主役で、後者はゾルゲが主役である。しかし後者はゾルゲ・スパイ団の本務ではない。ゾルゲ・スパイ団の主任務「日本の方向は南」を適時キャッチして、スターリンを驚喜させたのは主として尾崎の働きであり、ゾルゲ工作成功のもとは、ゾルゲが尾崎を獲得したことにある。

尾崎の考えていたこと

日本は英米と戦って敗ける。敗けた時には、日本の支配階級では事態の収拾はできない。できるのは無産階級である。

日本の進むべき道はただ一つ、ソ連と組み、その援助によって社会経済組織を変更し、再建することである。日本が社会主義国家となり、共産主義の制覇が中国において確立された時に、日本と中国はソ連とともに〝東亜における新秩序〟の中核となることができる（以上、一九四二年三月三日の尾崎訊問より）。

尾崎の本来の目的は、日本をソ連および共産中国と協力できる国家に組織がえすることであった。彼は、東亜における新秩序を、新しい世界秩序の第一歩として創設することを望んだ。彼はロシアと中共の指導者に信頼されていると信じ、親ソ的日本の再建を夢み、かつそれを指導しようと考えていたと思われる。

（六）戦国武将の謀略

戦国武将は同時に政治家であり経営者であった。大をなした武将は、単に戦略戦術に優れていたばかりでなく、よく民心を治め経営に勉めている。信玄は甲州産金、毛利は西国貿易、信長は尾張産米、秀吉は堺貿易、家康は関東平地の農産物の経済を、それぞれその戦力のバックボーンにしている。優れた経営者でなくてはできない業である。

岐阜の稲葉城は堅城である。守るものがいなくても、登るのに骨の折れる山上にあって、見ただけでも難攻不落であるが、これが再三、しかもいとも簡単に落ちている。土岐氏の執事、長井利安、斎藤道三、斎藤竜興《たつおき》（道三の孫）、織田信秀（信長の孫）の場合が著名な例で、いずれも民心を失っている。

戦国武将は当然政略、戦略、謀略を併用している。特に戦う時には必ず敵中に内応者を求め、敵の戦線の背後に味方を作って、仕事を楽にしている。そして諜報謀略の対抗策にもぬかりはない。

1 織田信長

織田信長は俊敏な天才であったが、決して強気一点張りの気短かな人ではない。彼のやり方は千変万化、硬軟自在で、無理がない。戦略と謀略を駆使し、敵の力を漸次弱らせておいてから、楽々と一挙に勝つ主義で、決して成果をあせっていない。

彼が敵国を攻略したあとを研究してみると、斎藤十一年、浅井朝倉三年、武田十年、石山(大阪)本願寺十年、伊賀十年の年月をかけている。そして、そのほとんどが準備期間で、本格的攻撃は、大てい最後の一年である。十分な年月をかけて、謀略で敵を弱め、滅ぼし易くなったとき、一撃でもって滅ぼしている。

美濃攻め

東方の敵今川軍を桶狭間で撃破した信長は、次に西方の敵、美濃の斎藤軍を討たねばならない。一五六一年斎藤義竜《よしたつ》(信長の義父道三の子)が死に、十八歳の竜興が後をついだ。まさに美濃攻略の好機である。

信長は一五六二年長良川の対岸墨俣に前進拠点を作ることを考え、たびたび失敗の後、一五六六年、木下藤吉郎*の奇略によってようやく成功した。

信長はこれに呼応して東方小牧山に陣地を作り、東西策応して稲葉山城を圧するとともに、斎藤軍中の有力武将の寝返り工作をはじめた。まず斎藤軍東翼の拠点鵜沼城の主で、鵜沼の虎といわれた猛将大沢正重を内応させ、その手引きで、斎藤家の重臣である美濃の三人衆、安東定治（合渡）、氏家卜全（大垣）、稲葉一鉄（曽根）と名軍師竹中半兵衛を説得して味方につけた。墨俣の築城からわずか一年たらずのうちに、美濃の有力武将五人が信長の味方になってしまったのである。

信長は謀略工作成功とみるや、一五六七年春三月、大軍を率いて木曾川を渡り、一挙に稲葉山城を攻略し、斎藤竜興を捕虜にしてしまった。

信長の美濃攻略は十一年かかっている。一五五六年、わが子義竜の反乱で窮地に立った義父道三を応援に出かけたのを最初とし、その後十年間に七回も出兵しているが、ことごとく撃退されている。すなわち十年間連年攻撃をくりかえし、小当たりに当たって敵の勢いを打診しながら好機を待ち、墨俣前進拠点の占拠と、斎藤家の内部切り崩し工作によって戦機を

木下藤吉郎——きのした・とうきちろう（1537〜1598）。後の豊臣秀吉（羽柴秀吉）。

醸成し、最後の一年で一挙に目的を達している。信長は決して短気ではない。遠謀深慮である。

長篠の戦い

一五七五年五月、武田勝頼は三河に進撃し、長篠城を囲んで猛攻した。城の危急を知ってかけつけた織田、徳川両軍は、この際、勝頼軍に決戦を求めようとして、城の手前約四キロの、設楽が原に防御陣地を構えた。陣前に木柵を築いて、武田軍得意の騎馬攻撃を阻止し、ひるんだところを鉄砲で撃ちとろうという戦法である。すっかりお膳立てをすませた信長が、ふと心配になったのは、果たして勝頼が攻めかかってきてくれるか？　ということである。わなができても、相手が進んでこなくてはなんにもならない。

信長は、先日投降してきた勝頼の家来甘利新五郎をスパイと睨み、その見ているところで佐久間信盛を叱りつけ、面上に鞭をくれた。信盛は無念の目で信長を睨みかえし、人々は信長の態度は重臣を遇する道ではないと非難した。

信長陣の前線要地、山の手拠点を占領していた佐久間信盛は、その夜勝頼に内応を申し出た。「手引きしますから、私の陣地に対し、無二無三に突進されたい」というのである。勝頼は、すべての重臣の反対を押しきって攻勢に出、みごと信長のわなにかかってしまった。

信長の反間活用の範例である（信長と信盛の芝居はもっと前に行なわれたという説がある。謀略の浸透には時間のかかる点からみて、そのほうが合理的である）。

信長は勝頼軍を怖れていた。しかし長篠の戦いでは決戦を希望した。そのためには時間をかけてあらゆる画策をしている。すなわち、

1　自軍の長所を十分発揮することを考えた。

濃尾平野は日本一豊饒な所であり、人口も多い。そして鉄砲の輸入港、堺に近い。彼は農産収入による豊富な資金によって鉄砲をたくさん買い入れた。この鉄砲は剣豪でなくても使える。濃尾の農民を動員した素人軍隊でも、鉄砲を装備すれば、百戦練磨の甲州軍に十分対抗できる。しかも人数は圧倒的に多い。信長はこの条件のもとに、鉄砲をもった足軽部隊を編成し、その集団戦法を訓練して、勝頼軍を破る実力を養い、みずから自信をもつとともに、部下にも必勝の信念をうえつけた。こうなれば敵の謀略の入りこむ隙はない。

2　勝頼軍誘い出し工作をした。

先代信玄があまり偉かったので、勝頼はとかくやりにくかった。何事かあると重臣達の間から「信玄公がおられたら」とか「信玄公時代にはこうだった」とかいう歎息がでる。それ

に勝頼の生母は、信玄に征服された諏訪氏の娘である。なんとなく肩身がせまい。信玄に訓練された部将たちは、いずれも名将揃いである。勝頼の未熟が目について仕方がない。結局部下は勝頼を尊敬していないし、尊敬していても、ひがみのある勝頼には馬鹿にされたように思える。二代目勝頼の頭は、部下に馬鹿にされまいとする気持ちで一杯であった。すなわち、勝頼軍には、君臣離間工作の忍び入る隙が十分あり、刺激すれば、飛び出し作戦をしてくる下地は醸成されていたのである。

信長は甲州に対する謀略工作の浸透と、自軍に必勝の信念が湧きおこるのを、じーっと待っていた。彼が家康の矢のような救援催促にもなかなか応じなかったのはこのためである。

信長が、勝頼の積極心をあおる工作をしたことは、前記のとおりであるが、その他さらに大きく、戦前よりいろいろ手をうっている。

信長は、京都郊外に余端を保っていた足利義昭の陣営に〝信長が四周に敵を受け、動けなくて困っている〟という噂を流した。義昭は例によって武田、上杉、毛利の諸将に檄をとばし、信長の苦境に乗じて上洛するように働きかけた。若い勝頼はこれに乗って、重臣たちのとめるのを振りきって積極策に出て、遠江、美濃、北部三河に進攻作戦を行ない、一歩一歩信長のわなに近づいてきた。

長篠城の守将奥平信昌は、勝頼にとっては最も憎い相手であった。彼は、武田・徳川両軍の国境地域の要地、北部三河の山家三方衆（長篠の菅沼、作手の奥平、田峯の菅沼）の一党で、以前は武田軍に属し、三方ヶ原《みかたがはら》の戦いでは、名将山縣昌景部隊の先頭に立って家康を悩ましている。一五七三年春信玄死去の噂がひろまると、家康は七月二十日武田軍の前進基地長篠城を攻略し、かねて内応していた奥平信昌に守備させた。信昌の夫人は家康の長女亀姫である。勝頼としては、ぜひとも信昌を討って、長篠城を取りかえさねば面目が立たないわけで、信長と家康は、ここにも勝頼誘い出しの餌をまいていたのである。

家康から勘当を受けて、武田軍に身をよせていた小栗仁右衛門は、勝頼から「信長軍の状況を偵知せよ」という命令を受けた。これを機会に勘当を許してもらおうとして来た彼に対し、家康は「信長の領内には凶徒が一時に蜂起し、周囲の強国は隙を狙っていて、出動は困難である。家康は、信長自身でなくても、部将の加勢だけでもよこしてくれと頼んでいるが、これもできそうにない」と報告させた。

この他、甲州国内には「信長、家康の兵は武田軍の勇猛をおそれている」とか「織田、徳川両軍は反目している」とか「織田、徳川両軍とも新募の兵が多いから、いざ戦いとなったら、脱走兵続出であろう」とかいう噂が乱れとんでいた。もちろん信長の謀略であるが、半分は真実であるから、よく浸透したことは間違いない。三十歳の勝頼は、四十二歳の信長の老巧な術中に陥ってしまったのである。

義昭推戴

信長が斜陽将軍足利義昭を推戴したことは、彼が天下平定の名分を誇示しようとしたにすぎない。これは、だれにも了解できることであるが、山岡荘八著の「織田信長」は、次のようにいっている。

「……この信長が古臭い足利幕府の看板などをわざわざ持ち出したのは、公方（義昭）が、日本中のあやしい野心家どもの影をそのまま写し出して、見せて下さる鏡だからである。公方は凡物で、自分の意志で動くことがなく、武田、朝倉、松永らの策謀のままにコソコソ動いて下さる。公方の動きを見ていれば天下の武将の企図は鏡に写したようによくわかる。まことに得難い鏡である。少々の迷惑には目をつぶって、暫らくそーっとしておかなければならない……」

政略結婚

信長は結婚政策を駆使した。すなわち、

イ　斎藤道三（隣国美濃領主）の娘、濃姫を妻とした。
ロ　妹、市姫を浅井長政に嫁がせた。
ハ　長男信忠の嫁に、信玄の六女、松姫を婚約した。

ニ　長女徳姫を、家康の長男、信康に嫁がせた。
ホ　養女雪姫を、武田勝頼に嫁がせた。
ヘ　養女を、大和の筒井順慶に嫁がせた。
ト　養女を、関白二条晴良の子、権大納言昭実に嫁がせた。
チ　弟信包に、伊勢の長野氏をつがせて、安濃津城主とした。
リ　次男信孝を、伊勢の神戸氏の養子とした。
ヌ　三男信雄を、北畠家の養子とした。
ル　上杉謙信の近臣、直江景綱に手紙を送り「上杉家の御養子として、愚息をお召し下さい」と頼んでいる。
ヲ　将軍足利義昭の妹を、三好義継に嫁がせた。
ワ　部将明智光秀の娘を、将軍義昭の近侍、長岡藤孝（細川幽斎）の子、細川忠興に嫁がせた。有名なガラシャ賢夫人である。

秀吉も政略結婚を用いた。
イ　すでに結婚している妹、朝日姫を離婚させて、家康の正妻として送りこんだ。
ロ　嗣子秀頼の妻に、家康の孫千姫を貰った。

家康は右のほか、

イ　自分の次女督姫を小田原の北条氏直に嫁がせた。

ロ　小牧長久手の役の後、次男於義丸を、秀吉の養子として送った。後の結城秀康である。

右を通覧すると、彼らの苦肉の策、政略結婚は一応役には立っているが、事態が決定的段階に立ちいたると、案外効果を発揮していないことがわかる。

信長は、濃姫の実家斎藤家とは結局決戦している。市姫の嫁ぎ先、浅井家を味方にすることはできなかった。徳姫の夫、信康に詰め腹をきらせ、一歩誤ると、織田・徳川離間の原因をつくるところであった。武田とは二重に婚姻策をとったが、信玄は来襲してきた。長野信包、神戸信孝、北畠信雄も信長の武力支援がなくては、その位置を保てなかったし、長野、北畠両氏は信長に滅ぼされた。秀吉は朝日姫を送り、千姫を貰ったが、その死後家康はこれを無視して、秀頼を滅ぼした。小田原の役では、家康は秀吉に味方して娘婿を攻めている。

要するに姻戚関係というものは、基本的利害の一致している間は、協力効果を増強するが、基本的利益が反するようになると、一顧も与えられていないのである。

これは現代でもそうで、真剣な事業は、むしろ赤の他人と組んだ方がやりやすい。基本的な利害というものを、冷厳に主張し、検討できるからだと思う。兄弟は他人の始まりといい、親類間のトラブルほど始末の悪いものはないといわれるのは、感情のベールに邪魔されて、純粋な計算を怠るからであり、決定的場面にはまったく無力となる人情の威力を買いかぶるからである。頼んではならないものを頼むのがいけないのである。

2　豊臣秀吉

秀吉のやり方は堂々としている。彼は大軍を動かすが、大戦はしていない。強大なる兵威をもって相手の度肝を奪い、雄大な政略、戦略、謀略をもって、戦わずして勝っている。対島津戦のごときは「豊軍二百万、九州上陸」の流言謀略で、島津の前衛家久軍を動揺させ、一気に鹿児島まで押しまくってしまった。

秀吉の謀略は大っぴらである。彼の狙いは、敵国君臣の離間であるが、そのため彼のとった手段は、敵国の重臣を公開の席で大いにほめそやすことである。ほめられた者は微妙な立ち場になる。

秀吉はこれにより、敵国君臣間を離間してその戦力をそぎ、あるいはその重臣を通じて敵国君主を味方にし、または逆に君主を滅ぼしている。彼の謀略に狙われたものは、織田信雄とその三家老、毛利輝元とその謀臣安国寺恵瓊、島津義久と伊集院忠棟、北条氏政と松田憲秀、上杉景勝と直江山城守、徳川家康と石川数正らである。

秀吉の謀略はしかし結局において失敗の方が多かった。彼の性格は情に厚く、愛にもろく、堅固な意志にかけ、理知に乏しく、疑惑に支配されやすい。要するに秀吉は情痴の人で間（諜報・謀略の工作員）を使う資格はなかった。彼は逆に間に使われている。

彼は謀略の極、味方の者までもその主を裏切らせるに至った。これでは部下に不道徳を奨励するようなものである。味方いじめは当然相互不信を生み、豊家滅亡の原因となった。すなわち身の危険をおそれた諸将はそれぞれ秀吉の妻（北政所）妾（淀君）によって分裂し、秀吉を信じなくなった。したがって秀吉の死後は秀頼を助けるものがなかった。また秀次の死は秀頼の死に通じていたのである。小田原の陣でも、勝者西軍は解体の危機にあった。古文は、〝間諜は胡蝶の如く陣中をとび、密告不信が横行し、家康は信雄、氏直と結んで叛す、というデマが乱れとんだ〟と書いている。

主君が謀略、特に〝だまし討ち謀略〟をやる人だとわかれば、部下は〝やがてはわが身にも向けられる〟と恐怖し、不信を抱くのは当然である。だましうち謀略は両刃の剣である。

小田原城主北条氏直としては、秀吉の間の悪用の欠陥をつくべきであった。攻城軍は横行する間とデマのために、お互いに狐疑逡巡し、特に家康と信雄はしばしば窮地に立ち、狂言とはいえ、家康は秀吉に槍で追いまわされた場面もある。氏直は家康の最愛の娘の婿である。氏直は家康、信雄と結んで秀吉を反撃すべきであった。

徳川家康に対する謀略

徳川軍の強味は、主従の結束の固いことである。秀吉は家康の重臣を離反させることを対徳川謀略の主眼とした。彼に狙われた第一の男は石川数正である。その後大久保忠世と井伊直政が小当たりにあたられている。彼らはいずれも徳川家の最高幹部なのである。

〔石川数正〕

徳川軍の西の前進基地、岡崎城を預かる城代石川数正は一五八五年十一月十三日夜、城を出て大阪に走り、敵国秀吉軍に投じた。流石の家康も愕然とし、徳川全軍色を失った。秀吉の徳川家君臣離間工作が成功したのである。この経緯を、山岡荘八著の「徳川家康」には次のように書いてある。

「……数正がはじめて秀吉に接したのは、一五八三年五月賤ガ岳の戦勝祝賀使節として大阪城に赴いたときである。彼は、家康の代理として、徳川家の重宝初花の茶入を秀吉に贈る歴史的な使命を勤めた。家康から臣下中最高の者として選ばれた、数正の君寵は決定的なものとなったが、その反面家中嫉妬の焦点となったのもやむをえないなりゆきである。

家康が天下に有名な徳川の重宝を献じたことは、秀吉の下風についたことを、天下に宣言したことになる。秀吉は大喜びに喜び、当然数正は大もてにもてた。滞在の予定日数も秀吉にひきとめられて四日ものび、帰るときには秀吉一流の派手な贈り物を受けた。我こそ使者にと思っていた、落選組が黙っているはずがない。『数正どのは、人たらしの名人秀吉に、すっから丸めこまれたそうな』などと、うるさいことである。反数正感情はこの頃から、藩中に根をおろしはじめた。

さらに数正が大切な情報として、秀吉の大気と大兵、大阪築城の雄大なことを述べると、これに呼応するように『数正は、わしに内応している！』と秀吉が洩らした、などというデマが西から放送されてくる。」

こんなところへ、秀吉の答礼使津田左馬允が来た。家康は秀吉軍に顔の売れている数正に接待役を命じた。津田は数正の私宅を訪れ、秀吉流の豪華の音物を届けた。他の重臣には訪礼はない。ある部将だけが仮想敵軍の主将秀吉から法外な贈り物をうけとるということは、家康や同僚に微妙な心理的影響を与えるのは当然である。いよいよ妙にまずいものが数正の身辺をつつみ出した。小牧の戦陣間にも、秀吉から数正の陣所へたびたび使者がきた。秀吉・家康共に和戦両様の構えであり、従来の外交折衝が数正を通じて行なわれていたことから、これは当然なことであるが、主戦論の味方からは、たちまち〝親敵人物〟と極印をおされた。

数正は弁解しなかった。事実彼は親敵の必要を感じていたのである。秀吉は本能寺の変後いち早く明智光秀を討ち、爾後、滝川一益、柴田勝家、織田信孝、織田信雄、佐々成政を連破し、上杉景勝も従えて、次は家康と、狙っている。数正はたびたび大阪へ行って、秀吉の人物、政治力、経済力、軍事力はもちろん、上方の文化度、世界の大勢を身をもって感得し、いま秀吉と戦うべきでないという信念をもっていた。

数正に同意なのは家康と本多作左衛門ぐらいなもので、他のほとんどは小牧・長久手戦の戦術的勝利（戦略的には負け）に酔い、時勢の急速な変化や秀吉軍の革新的な軍事力増大を知らず、盲目的な対秀吉強硬論者ばかりであった。家康もまた〝すべてを知れば弱くなる〟ことを怖れ、万事承知の上で強硬論に便乗して、部下をひっぱってきた点もないではない。

石川数正への非難やかげ口が、「ふた股者よ！」「獅子身中の虫だ！」などといよいよ露骨になってきたのは、秀吉と信雄の単独講和に家康がおき去りをくって以来、事々に徳川家の不利が目立ってきたこの半年来のことである。家康の耳にも、折りにふれて、彼の名が、危険な人物として聞こえてきた。

家康は「数正の考えは理由のあることだ。疑われては心外であろう。気の毒な立ち場ではある」と思って、自分のしている忍耐を、数正も共に忍耐しているものと考え、家中のうるさい声には、聴こえないふりをしていたのであるが、数正にとっては、これが冷たい主人と見えた時もないではなかろう。逆に〝秀吉は温かい〟と思い出すこともある。大阪城を中心とする文化・軍容の興隆も目に浮かぶ。秀吉は人たらしというが、自分の真価を認めてくれている。肩をすら叩いて「縁あらばいつでも身を寄せて来い。そちほどの人物を田舎城一つに、埋もれさせておくのは惜しい」とまでいってくれている。しかし数正の心を決定的に動かしたのは、こんなことではない。

一五八五年十月頃、秀吉から家康のところへ思いがけない難題が出された。それは「これから四国・九州と日本中を平定するまで、すべての大名は大阪表へ人質を差し出して、秀吉に協力することになった。それぞれみな承服したゆえ、家康も改めて他の諸大名と同様に、至急人質を出されたい」というのである。

織田信雄を通じて、この命令を受け取った徳川の重臣たちは顔色をかえて激高した。十月十五日秀吉よりの再度の督促を受けて、重臣の間にあわただしい往来がはじまり、十月二十八日には浜松城に全重臣の非常呼集があった。和平論を主張した数正は、酒井忠次、本多忠勝、本多作左衛門、榊原康政、井伊直政、松平家忠、大久保忠世、本多正信らの主戦論者の吊しあげをくってしまった。

数正が重大な決意をしたのはこのときである。去年の小牧の時とは違って、秀吉の背後には敵はない（紀州の根来、雑賀の党や北陸の佐々成政は小牧の役後ただちに秀吉に征服されてしまった。上杉景勝は敵側についている）。信雄は秀吉に抱きあげられていて、秀吉の大義名分上の不利もなくなっている。堺の経済をバックとする秀吉の軍事力の強化は日進月歩である。唯一の同盟軍となるべき小田原の北条氏とは、今夏の沼田城に関する真田昌幸処理問題、駿府城増強問題で溝ができており、秀吉の手がのびれば家康の敵となるかも知れない。いま戦っては危ない。条件が変わっているのである。数正は岡崎に帰って考えこんだ。そして十一月十三日の烈風の闇の夜にまぎれて逐電してしまった。徳川家第一の武勲をつんだ一生をなげうったのである。

公開の席上で消極論を主張することは難かしいことである。昭和二十二年（一九四七年）のいわゆる二・一ストの賛否をきめる日通労組全国大会に出席したときの所感であるが、狂的な断行論をぶつ北陸代表の勢いに押されて、無条件参加となりかけたとき、近畿代表は冷静に反対論をとなえた。「お世話になっているお客様に迷惑をかけるようなことはできない」という関西人らしい割りきった理論であった。私は偉いと思った。主戦論一辺倒の大勢に反して、非戦論を主張するには勇気がいる。第二次世界大戦直前、米英撃つべしの世論に抗して、米英を敵とすべきでないと主張した勇気ある人々もあった。吉田茂駐英大使、辰巳栄一駐英大使館付武官、長谷川才次同盟通信ロンドン支局長らである。中央部にこの忠言をいれる勇気のなかったのは残念である。

石川数正の出奔は秀吉謀略の大成功である。鉄桶といわれた家康一家の団結にひびが入ったのである。団結を第一の強味とする三河武士団の特長に疑問がもたれたのである。しかし数正自身も成功したと思っていたに違いない。数正が敵手に入れれば徳川軍の軍事機密は敵側につつぬけである。いま戦っては危ないと主戦論者は反省した。また翌一五八六年正月両軍和平し、五月秀吉の妹朝日姫は家康の正室となり、十月家康は大阪に出て秀吉と会見し、事態は数正の思うとおりに進展している。彼の希望は同時に秀吉と家康の希望でもあった。秀吉も家康の手ごわいことは小牧の役で十分承知しており、四国九州の戦いをひかえて事をおこしたくなかった。家康が戦いの危険を知っていたことはもちろんである。数正は間違いなく成功した。なんのことはない、家康と秀吉の敵は士気旺盛な、お互いの部下精鋭だったのである。

〔大久保忠世・井伊直政〕

一五九〇年小田原城攻略戦後の論功にあたり、秀吉は家康の重臣大久保忠世を小田原城主に、井伊直政を上州箕輪の城主にそれぞれ推薦し、これを恩に着せて、秀吉に味方せよと圧力をかけた。家康江戸入城の十七日後の八月十七日のことであるから、人を食った話である。しかしこの二人は心に悩みがなかったからアッサリこの誘いを退けている。これについて古書は次のように述べている。「豊臣、徳川両家の手切れのときはどうするか！」と秀吉が問いつめると、大久保忠世は「断然秀吉公を討ちます」と答え、井伊直政の場合は「一死をかけて両家の和を図ります」と答えた。

〔織田信雄に対する謀略〕

小牧長久手戦の開戦　明智光秀、滝川一益、柴田勝家、織田信孝を連破した羽柴秀吉の正面に立ちはだかったものは織田信雄である。主筋に当たる信雄を討つことはなんとしてもぐあいが悪い。信孝の場合は信雄をけしかけて兄弟喧嘩をさせたのだが、こんどはその手も使えない。秀吉に必要なことは戦いの名目を得ることと、信雄軍の戦力を減殺することである。

一五八三年夏頃の京阪、尾張地方にはいろいろなデマが乱れとんだ。

○秀吉は信雄を除かんとしている。

○大阪に城ができあがれば、秀吉の天下へ号令する仕度はできた。仕度ができれば邪魔になるのは信雄である。信孝はなく、三法師（信長の長男信忠の子）は幼い。信雄は危うい。

○信雄殿が暗殺された。

○羽柴秀吉は近く信雄殿に政権を渡し、その輔佐役になるそうだ。

○信雄殿は三河に密行して家康と会った（これは事実）。

○大阪に大築城をしたのは、旧主信長の遺族を天下の世嗣として迎えるためである。

○父の臣たる分を忘れ、父の遺臣に賦課を申しつけて大築城を急ぐ上、この頃はなにも相談に来ないと、信雄殿が憤慨していた。

○光秀を扇動して謀反させたのは秀吉の謀略である。

○信雄の三家老（津川義冬、岡田重孝、浅井田宮丸）は秀吉に内応している（三家老は信長が特に選んで信雄につけた人物で、信雄軍戦力の核心である）。
秀吉と信雄との感情的対立がはげしくなるのを心配した織田の宿将たちは、とにかく一度二人を会見させるに限ると、一五八四年正月大津の三井寺で会談の席を設けることにした。この時のいきさつを、山岡荘八著の「徳川家康」は次のように述べている。

「……こんなとき秀吉は『信孝殿の最後の模様も伺いたいし、でき上った新城もお目にかけたいから、信雄どのに一度大阪城へやってくるよう、すすめられたい』と三家老を通じ、書面で促してきたのである。

信雄はこれを聞くと激怒した。父の信長が二十年かかってやりとげた仕事を、一年の間に、奪い去った秀吉が、ついに自分に臣礼をとらせようとして迫ってきたのだと考えると、お坊ちゃん育ちの気位だけ高い信雄には、眼のくらみそうな憤怒となった。

そこで早速三家老を秀吉のもとに遣わして、その無礼を難詰させた。秀吉はあっさりその非を認め、三家老の顔を立てて、三井寺まで出てきて信雄と会見することになった。したがって外交的には彼らはりっぱにその目的を達し、勝利をおさめたはずだったのに、その三家老が大阪に滞在しているうちから、妙な風評が、あちこちから立ちはじめていた。

『信雄の三重役は、大阪へやってきて、秀吉の実力を見せつけられ、遂に変心した』という思いがけない噂なのである。彼らはそれを長島城に帰りついてから始めて知った。皆の自分たちを見る眼に、ふしぎな冷たさが宿っているばかりでなく、報告のため信雄の前へ伺候すると、信雄までが妙によそよそしかった。

『秀吉は、すごくその方たちを歓待したそうじゃの』といい、そして三井寺まで双方出向いて、今後のことを話し合うことに取りきめた旨を報告すると、『フーン、予がなんで近江までわざわざ討たれに出て行かねばならぬのじゃ』と、初めはてんで聞き入れようとしなかった。それを三人は三方から懇々と説いていった。いま秀吉にさからうことは、相手の待ち設けている罠に、われから進んでかかるようなものだ、とにかくここでは秀吉のいうがままに三井寺で会見して、まず異心のないことを示しておき、それから逆に当方の策略を施すことだと説きつけた。……」

翌一五八四年正月秀吉と信雄は大津の三井寺で会見した。会見後秀吉は、信雄の老臣四人（前記三家老と滝川雄利）を招いて厚く接待して懇談した。その最中一人席をはずした滝川雄利が、信雄のところへ戻ってきて「三家老が秀吉の要請をいれ、秀吉に通じている」と告げ口したので、憤慨した信雄は急に引きあげてしまった（秀吉は三家老だけをさらに別室に呼び、三家老が秀吉と通じているような話しぶりをし、わざと滝川に立ち聞きさせたともいう）。

信雄はいよいよ秀吉を討つ決心をして、徳川家康に協力を申しこんだ。家康はいずれは秀吉と戦わねばならぬと思い、信雄を風よけに利用することと、信雄とともに立つ方が大義名分上有利であることを考えて、信雄の要請を快諾した。

一五八四年二月下旬、家康の使者と清洲城で密談した信雄は、秀吉との開戦を決意し、三家老を桃の節句にことよせて、長島城に招致して謀殺した。信雄軍の戦力は激減した。信雄のこの暴挙は秀吉に絶好の開戦口実を与えた。かくして小牧・長久手の戦いの火蓋は切って落とされたのである。

秀吉・信雄の単独講和　一五八四年三月三日以来、木曾川を挟んで激突した秀吉対家康信雄の東西二大勢力も、長久手の一戦後は水入り相撲となり、同年九月頃になると三者とも和平に焦慮するようになった。それぞれ家庭の事情、特に背後の不安があって、長期の出陣が危険になったからである。

織田信雄の最も怖れたのは、自分を除け者にして、秀吉と家康が単独講話することである。さんざん無能を暴露した後のことでもあり（家康は以前から看破していたことではあるが、当人は気がつかない）、家康から見捨てられるのではないかと心配でたまらない。さきに秀吉と袂《べい》別《べつ》しているので、ここで家康に逃げられたら立つ瀬がない。いな両者協力して自分を抹殺しにかかってくるおそれは十分にある。現に小牧の徳川方の重臣石川数正の陣へは、秀吉のところから和平打診の使者が頻繁に出入りしている。

この頃家康は岡崎、信雄は長島、秀吉は大阪にあり、両軍の第一線部隊は木曾川を挟んで睨みあっていた。

十月になった。果然、秀吉は、主力軍を率いて伊勢方面へ進出し、十一月には信雄領の国境に攻め寄せてきた。美濃方面の秀吉軍戦線には動きはない。家康は岡崎に落ちついて、信雄軍の戦線には酒井忠次の一隊がきているばかりである。そして長島城下の家康部隊と信雄部隊の兵たちは、互いに冷たい目で、それとなく行動を監視しあい、城中の信雄軍の武将たちは、同じ城中にありながら、なんとなく一致を欠き、異論を抱きあい、士気の盛りあがりがない。まさに最悪の状態である。

疑い深くて、実力に自信のない信雄の判断は当然消極的である。彼は「秀吉は、家康と単独和平の了解のもとに、信雄軍を各個撃破に来た」との疑いをもったに違いない。そうとすれば、家康が秀吉に降伏する前に、自分が秀吉に降伏しておかないと危いな、と思いはじめた。こんなところへ秀吉から手紙が来た。お会いして和平の相談をしたいという文面である。

秀吉と信雄は十一月十一日に矢田川原（桑名西南側、町屋川）で会見した。このとき秀吉がいかに巧みに信雄の心理的弱点をついたかを、吉川英治著の「新書太閤記」は、目に見えるように書いている。

「信雄は、時刻もたがえず、彼方からその一群の騎馬を見せていた。

『おお、来ておるな』

と、信雄も馬上から、すでに川原の人影を見たであろう。彼は左右の扈従の将に、さっそく話しかけて、秀吉のすがたに眸を集めてくる様子だった。川原に待っていた秀吉も、

『や……。お見え遊ばした』

と、ひとりいって、すぐ床几《しょうぎ》から立った。

それと同時に、信雄も彼方にあって駒をとめ、ひら——と地上に降り立っていた。彼がそこに、威容をつくって立ったと思うと、秀吉はただ一人、とゝゝと小股きざみに駈けよってきた。

『おうっ！　おお、信雄様』

約束もなく、はからずもここで出会ったように両手をうごかし、

『やれ！　おなつかしや』

これが彼からの第一声であったのだ。

人々は、秀吉が泣いているのではないかと思ったほど、その言葉といい、姿といい、見得のない、ありのままに見えた。

『筑前！　膝を上げい、膝を！　何でやむなき合戦になど及んだかと、そちに悔いられると、

信雄も言葉がない。同罪じゃ。まず、膝を上げい』

信雄は取られていた手で、秀吉を抱えおこした。」

秀吉はその日、手みやげとして黄金二十枚、不動国行の刀一ふり、米三万五千俵を贈った。しかし秀吉の提示した講和条件は決して甘くもないし、そう他愛のないものではなかったが、心を表わすには身をかがめて恭敬、利を示すには物質の実をもって、こうまでされては信雄は満足を顔に出さずにはいられなかった。

十一月十一日の両者の会見は、こうしてすらすらと、単独講和の実現を見てしまった。

家康は、信雄が自分に無断で、単独講和をしたことを聞いて唖然とした。しかし、もう良い加減のところで戦いはやめたかったし、無能な信雄につきあって、秀吉を敵にするのは損だと、痛感していたときでもあったので、よい口実ができたとばかりに、さっさと、帰国してしまった。

信雄が降伏しても家康に頑張られては、秀吉も手をやくところであったが、秀吉は信雄と家康の心理をみぬいてよい手をうった。「小牧・長久手の戦いでは、秀吉は負けて勝った」といわれるのはこんな事情からである。

織田信雄は典型的な斜陽貴族である。斜陽貴族の特徴は、気位ばかり高くて、実行力のないことである。周囲の情勢が変化して実力のなくなっているのに気がつかない。先祖の余徳や先の時代の惰性で、側近の者がチヤホヤするから余計いけない。

実力のないのに気がつきはじめると疑い深くなり、依頼心が強くなり、嫉妬心にかられるようになり、お世辞を喜ぶ。

秀吉は織田信雄の斜陽貴族的の心理弱点を的確について、意のままに操縦したのである。

3 徳川家康

家康は世に喧伝されているほど、謀略は使っていない。彼の作戦ぶりを見ると老巧というよりは無鉄砲である。三方ヶ原の戦い、姉川の戦いなど向こうみずの標本で、信長はこれをよく知っていたから、長篠では極力彼の突進を戒めている。

彼が本格的謀略を使いはじめたのは秀吉の死後である。そして関ヶ原の戦いのためには一世一代の大謀略を行ない、鮮やかに成功している。しかし大阪城攻撃の謀略などは使う必要のない小手先の小細工で、彼がこれによって得た利益は、彼の失った声望を到底補うことができないほどのものである。またこのことは後の徳川幕府の政治を、隠密政治の色彩の強いものにし、徳川の治世に一抹の黒い影を落とし、日本民族の大きく伸びんとする芽をつんでしまった。

徳川軍の強味は三河武士の愚直なまでの誠実さである。家康が不用意に謀略など使えば、家中の者はそのような人生もあったのかとびっくりし、さらに興味から欲望にまで進展して、律義な家風が崩れ、逆に敵の謀略にしてやられるおそれがある。特に代々貧困に苦しんできた三河武士にとっては、秀吉の富力は苦手である。家康は秀吉の脅威がなくなるまでは、謀略を使いえなかったのであろう。

家康は敵の謀略を予防することには真剣であった。彼の国は弱小であり、貧困であったから、特に気にしていたのであろう。彼は自ら質素節倹を旨とし、部下にも高禄を与えず、贅沢な風習の起こるのを厳に予防している。贅沢な欲望のないところに買収工作の入りこむ余地はない。彼は部下を統御するにあたっても「賞で働く者は使わない」と宣言している。

家康の統率は立派であったから、敵の謀略にしてやられたことはない。ただし石川数正出奔事件と、武田勝頼の工作した築山御前事件とにはヒヤリとさせられたが、彼の良識と決断とは、禍を転じて福としている。

築山謀略

武田信玄は遠謀深慮の人で、一五七二－三年の西上作戦のために行なった政戦謀略は、非のうちようもない傑作であるが、ただ一つ欠けていたのは織田・徳川離間の謀略のないことである。浜松から岐阜まで、東から西へ並んでいる織徳軍を、東から順々に攻めていく信玄の作戦はどう考えてもまずい。東から攻めれば逃げるところのない家康は必死で戦うであろうし（三方ヶ原の戦はこうして起こった）、後にいる織田軍も後援せざるをえない。もし信玄が最初から、浜松と岐阜の中間の岡崎付近に進出して、織徳両軍を分断した後、西を向いて織田軍を攻めたら、一応安全圏内にある徳川軍が、真剣に武田軍の背後を攻めたかどうか、疑問である。

この点、勝頼の築山謀略は優れている（もともと信玄のアイデアともいわれてはいるが）。彼は岡崎城に楔をうちこんだのである。織徳両軍を接続する要地岡崎城には、家康の正妻、築山御前（今川義元の姪）と、長男信康夫婦が住んでいた。築山夫人は典型的な斜陽貴族で、気位が高く、いまだに亡き義元の権威を鼻にかけている。嫁が、信長の長女であることも面白くない。家康と夫婦仲も悪くて、以前から別居しており、要するに不満だらけである。勝頼は謀略の手をのばして、築山夫人と岡崎城の管理者、大賀弥四郎と結び、長篠戦直前の一五七五年四月上旬、その内応と同時に、自ら一万五千の兵を率いて岡崎城に突入しようとして、その東北四十キロの武節まで接近したのである。家康の兵は五千しかない。織徳両軍にとっては、三方ヶ原以上の危機であった。

事件は未然に発覚して失敗したが、後日家康が築山夫人を誅し、最愛の長男信康に詰め腹を切らせたことからみても、この謀略の織徳両軍に与えた衝撃の大きさがわかる。

なお大賀弥四郎の件は作り話だとの説もあるが、こんな話が残っていることは、岡崎城内には、家康よりも勝頼の方が強いと信じている人間が相当いたという証拠で、これは勝頼にとっては、見逃すことのできない謀略の種だったことは確かである。

関ヶ原の戦い

大義名分　関ヶ原の戦いで、家康が一番苦心をしたのは、彼についてきた秀吉恩顧の諸将に豊臣家を攻める口実（?）を与えることである。

秀吉なきあとは、家康が政権を握ることは当然で、その方が国家国民のためになる。しかし当時の道徳は主人なきあとは、その子に忠誠をつくすのを尊しとしており、秀吉在世時、特にこの種の私的な忠義を率先主唱してきたこれらの武将にとっては、家康につくことはちとおもはゆかったに違いなく「保身のために旧主に背く」といわれると、手も足も出なかったと思う。

家康は征服者の常用手段である「悪者をデッチあげる」ことを考えた。この槍玉にあがったのが石田三成である。彼は政治家である。戦陣で武功をたてることしか知らない今までの武将たちは、国内戦終結とともに、石田ら文治派に主導権をとられてしまった。政治能力を必要とする時代に変わっているのに、政治能力がない（むしろ修得しようとしない）のだから仕方がない。しかし当人はそうは思わない。三成憎しの一念だけである。家康はこれを狙った。

「悪いのは三成である。秀頼公は彼ら君側の奸に棚上げされている。三成がいては諸君も浮かぶ瀬はない。秀頼公のため、諸君自身のため、三成を討て」とたきつけた。

福島、加藤、黒田等の諸将はこれで救われた。

一六〇〇年六月十八日大阪を出発して、上杉征伐のために東進した徳川家康は、七月二十四日小山（栃木県）において、石田三成挙兵の報を聞いた。彼は直ちに反転して三成軍を攻撃するに決したが、西へ急行したのは福島正則、池田輝政、黒田長政ら秀吉恩顧の諸将のみで、家康とその直属部隊は江戸に留まって動かなかった。家康は今度の戦いを、豊臣家内の左右両派の内輪争いとし、家康の秀頼いじめの戦いと見られないように気を配ったのである。

木曾川畔に続々進出してきた西軍に対し、清洲城に集結して気負いたっている福島正則ら猛将をイライラさせているのは、家康がなかなか出て来ないことである。幾度かの督促に対して、ようやく現われたのは家康でなくて、その使者であった。そしてその口上は、家康遅延の弁解ではなくて、逆に福島らの攻撃を督促するものであった。山岡荘八著の「徳川家康」

では、使者は次のようにいっている。

「内府（家康）さまこの表へ御出陣のこと、いささかおくれましたが、このほど、少し風邪気味ゆえ、しばらく御出馬なりがたし。つきましては諸氏が大軍を擁しながら、手をこまぬいて時を過ごしておられること、まことに不思議千万でござる。この所にいつまで安閑として居られるおつもりか。後詰は必ず致しましょうほどに、速かに木曾川を越えてお進みなされ。諸氏がさっさと御出馬なされば、上様もご出馬せねばすまぬところ、この儀口上しかと申入れまする。なお各々方が御家臣ならば、上様はいちいちお指図下さろうが、おのおの様は御家臣ではござらぬ。お味方でござる。そのお味方が、何としてここで手を拱いておわすや。速かに木曾川を越えさせられてお働きなされたい。さすれば、上様も、出馬の儀油断これなく、心易かるべくと、ご書面にある通りでござる。上様にお出馬を見合わさせてあるものは、上様の風邪でもご都合でもない。ひとえにこれはおのおの様方のお心柄でござる……」

清洲城内の空気はこの使者の口上によって一変した。いままでは後ろを向いて、いらいらしていた諸将が、一斉に前向きの気持ちに変わったのである。自主的に、先を争って西軍に襲いかかろうとする、真実の先陣になりきったのである。

八月二十一日、福島、池田、黒田の諸軍は一斉に進撃を開始し、二十三日には岐阜城を攻略し、二十四日には西軍主力の陣する大垣城に迫った。

西軍は毛利輝元を総帥とし、豊臣秀頼を奉じて進撃し、家康と決戦する作戦計画であった。これでは福島、池田、黒田の諸将は戦えない。ところが毛利家、豊臣家内部にはそれぞれ自重論があり、これを家康の働きかけがあおりたてたので、秀頼、輝元はついに大阪を動かなかった。関ヶ原戦の勝敗はここに決したのである。

九月一日家康は三万三千の譜代諸将の部隊を率いて江戸をたち、九月十四日大垣城を眼下に見おろす赤坂高地に進出し、豊家武断派諸将の善戦を嘉賞した。

小早川秀秋内応工作　関ヶ原戦で西軍にとどめをさしたのは家康の小早川秀秋に対する工作の成功である。

東軍主力の赤坂高地進出により、背後に不安を感じた西軍は、十四日夜ひそかに大垣城を出、冷雨と暗闇をおかして退却し、関ヶ原（大垣西方十五キロ）に陣を変えた。これを察知した東軍は、すかさず追尾し、十五日払暁東軍七万、西軍十二万は、関ケ原町西方の山裾で衝突した。

この戦いはなかなか勝敗が決しなかった。そしてそのバランスを破るものは小早川秀秋軍一万三千がどちらに味方するかである。彼の軍は戦線の南方松尾山上で、ちょうどバレーボールの審判員みたいな所に陣を占めていたのである。

秀秋は秀吉夫人の北の政所の甥で、秀吉の世話で小早川家をついだ者である。当然西軍の中堅として力戦すべき立ち場であり、それに必要な兵力をもっていた。しかし淀君、三成の主流派からははずされており、彼の性格の弱さもあって、かねてから執拗に行なわれていた家康の〝恐怖と利益の二つのテコ棒〟をもってする謀略工作によろめきかけていた。もちろん三成もこれを知っているから必死に彼を引きとめた。そして両者の工作は戦勢が決定的瞬間に近づくに従って最高潮に達し、人のよい秀秋は進退きわまってしまった。松尾山の霧が晴れるにしたがって、両軍激闘して一進一退し、予断を許さない戦況は眼下に見える。しかし彼にはまだ決心ができない。

秀秋以上にじりじりしていたのは家康である。ついには「若僧秀秋に謀られたか？」とまで思い過ごしたが、正午にいたるや意を決して、松尾山頂に向かい威嚇の一斉射撃を加えた。

家康はこのとき、彼の譜代の精鋭部隊の大部を、戦列に投入しないで手許に握っていた。彼は秀秋軍に威嚇射撃を加えるとともに、この虎の子部隊を展開して、「内応しなければお前の部隊から先に撃破するぞ」との勢いを示した。秀秋の心はこの瞬間関東に傾いた。彼の軍は雪崩れを打って西軍の横腹に殺到して、一挙に戦勢を決してしまった。

大阪城攻略

関ヶ原戦後スポットを浴びたのは大阪城をどうするかという問題である。家康にとって一番困るのは、秀頼がおとなしくしていることである。「秀頼を敵とせず」と宣言して、福島、池田、黒田等の諸将を働かせた手前もあって、手向かいしない大阪城を攻めるわけにはいかない。攻めないで残しておけば、秀頼をかついで一仕事をしようとたくらむ者が出るのは、火を見るよりも明らかである。家康は秀頼の方から戦いをしかけてくるようにしむけた。淀君の自尊心を傷つけるような要求を出したり、国家安康という鐘の銘の文句に難癖をつけたり、斜陽豊家が命の綱と頼む軍用金を濫費させるような寺社建築を命じたりしたのがそれである。太平洋戦争開始時の日本のように「ジリ貧か、体当たりか？」のどたん場におしつめられた大阪方は、ついに万一の生還を期待して、体当たり戦法に出た。これが大阪方の旗上げである。家康はようやくにして秀頼攻撃のチャンスを作り出したのである。

大阪城攻略戦は、勝敗が事前にきまっている戦いである。問題は、いかにして損害少なく目的を達成するかにすぎない。戦略よりも謀略を主用したいところである。

大阪方の作戦方針として考えられるものは二案ある。城の堅固をたのんで守城専門でやろう（専守防御）というのと、城外決戦を求めようという案である。大阪城が天下の堅城であるだけに、楽な守城案には魅力がある。淀君という女性が総帥であるから特にそうなる。城を守って勝った例もないことはない。楠正成の千早城の防御はその適例である。しかし守城で勝つには、城外に策応者があるということが不可欠の条件であるが、大阪守城の場合にはその見込みはない（大阪城首脳者はあると思っていた）。城外決戦案は下手をすると〝飛んで火に入る夏の虫〟になりかねないが、勝つ見込みがある。そして一度でも勝てば、西国大名はもちろん、家康軍背後の東国諸侯の中にも、味方として起ち上がる者もでてくる。大阪方の名将真田幸村は後者を主張し、宇治瀬多の線まで進出して、関東軍が広い所へ出かけるところを討て！と主張した。家康の最もおそれたところも実はこれであった。関東の大軍も、狭いところでは衆の威力を発揮することができない。一対一では必死の関西勢に手を焼くことは目に見えている。関東軍作戦の第一問題は、安全に京都奈良平地に全軍を進出させることであり、第二問題は生駒山脈を無事通過することで、第三問題は大阪城の壕を処理することである。家康は、幸村が必ずこの問題点をついてくるものと判断して謀略の手をうった。

武田家には小幡《おばた》勘兵衛景憲《かげのり》という兵法の大家がいたが、勝頼の滅亡とともに姿を消してしまった。三十二年後の大阪城の作戦会議で幸村の攻勢論を、危険なり！と非難し、守城論を主張していたのは誰あろう、彼小幡景憲である。できれば危い橋を渡りたくない！という斜陽族特有の心理に基づいた主張を、兵法家として声名をうたわれた彼が、理論的に裏付けて支援したのであるから、大勢はたちまち守城論に傾いてしまった。小幡は武田氏滅亡後家康に拾われ、その旨を含んで大阪城に潜入していたのである。彼の工作によって家康は巧みに第一、第二問題を解決した。

第三問題は女性心理につけこんで解決した。大砲を大阪城の近くに押し出し、淀君や奥女中のいる所を狙って、砲弾をブチこんだ。この時代の大砲の威力はたかが知れているが、おびえている女性を驚かすには、音だけで十分役に立った。淀君は和平を決意し、家康は和平に乗じて壕を埋めてしまった。

注・小幡景憲は後日大阪城を逃亡し、江戸幕府時代となるや、江戸市内に兵学塾をひらいている。

4 毛利元就

毛利家の伝統は兵法の〝策〟〝詭道〟の面を主用することで、謀略においても〝だましうち〟の多いのが特徴である。

毛利元就は、大江匡房《まさふさ》、広元の子孫である。匡房は「好漢惜しむらくは兵法を知らず」といって源義家を作戦家に仕上げているし、その三代後の広元は、頼朝のたてた鎌倉軍事政権の政治軍師で、範頼、義経、実朝、頼家らの悲運は彼の方策に影響されているに違いない。

毛利家は宮中兵学者の流れであり、毛利領が中国文化の吸収に便なる位置を占めている点からいって、孫子の兵学を勉強していたことは確実で、その先祖の伝統をくんで、孫子の辛辣な部面を多分にとり入れているのも自然の勢いである。そして幼時から孤児となり、大小三十有余の豪族が割拠闘争する中に育った元就の性格はさらにこれを強度のものにした。
元就は謀略を好んで用い、敵国の〝君民離間と、だまし討ち〟が得意である。

厳島の攻撃*（一五五五年九月）

これは、元就にとっては、まともに戦ったのでは勝てない戦いであった。彼はあらゆる術策を駆使した。すなわち

○交戦前に敵の戦力を減殺した。

高禄を与えて有力な敵将を内応させた。大内軍の勇将久芳賢重、毛利与三、江良房栄《えらふさひで》はその主なるものである。さらに江良房栄は内応後の態度に不審な点があったのでこれを消すことにし、流言を放ち、敵の間者に房栄内応のことをわざと洩らして晴賢に報告させ、内通の書を偽作して、陶軍の本拠の山口の町に落とすなどの手を使って、晴賢の疑心をかきたてた。

厳島の攻撃――厳島の戦い。山口の戦国大名・大内義隆を自害に追い込み、大内氏を乗っ取った陶晴賢（すえ・はるかた）との戦い。

悪いことにはちょうどその頃、晴賢の乱行を諫止するため、房栄が岩国の前線から帰ってきて、苦言を呈した。いままでは元就の謀略であろうと、房栄を疑わなかった晴賢も、忠言に腹を立てた拍子に、つい心が動いて、房栄の謀叛が本ものに思えてしまい、とうとう元就の手にのり、一五五五年三月十六日、房栄を岩国の琥珀院で殺してしまった。

○陶軍を厳島に誘い出す。

四千の毛利軍をもって、二万の陶軍を破るには、陶軍を機動に不便な厳島におびき出すほか手がない。従来の戦例をみても、敵が厳島に出てくる見込みは多い。元就は万全の策を講じた。

(1) 陸上の進路を破壊する。従来大内軍が安芸に東進する場合には、岩国より水軍を利用して、まず厳島を占領して海上権を制し、これを根拠として作戦するのを例とした。また陸路を東進する場合には地勢上、大野の門山を基地とするのが慣例となっていた。

元就はまず吉川元春を派遣して大野の門山城を徹底的に破壊させた。

(2) 四月に厳島の北岸、有の浦に宮の城を築き、敵の間諜の聞いているところで「まずいところに築城した」と後悔してみせた。

(3) 宮の城の守将にはもと大内氏の家来で、最近毛利軍についた己斐豊後守、新里宮内少輔をあて、さらに彼らに晴賢を罵倒させた。また別に「陶軍が厳島に上陸したら大変だ」

と流言を放った。

(4)　本拠郡山城の留守将、桂元澄は元就の旨をうけて晴賢に内応の密書を送った。

「元澄こと、かねて元就の御機嫌をそこね、今度の戦にも、郡山にひきもどされてしまって残念でたまりません。また元就は老臣のいさめもきかずに宮の城を築き、今となってはその処置に困りはてています。毛利の軍船はわずか五、六十しかないので、宮の城の救援はできません。元就は陶軍が厳島に来攻しないように祈っています。毛利の滅亡は火を見るより明らかです。陶軍が厳島に上陸すれば元就は郡山城に引きあげてくることでしょう。御軍勢は元就の逃げるのを追撃して下さい。私は背後から打って出ます……」

(5)　元就の本軍は郡山城を出て、厳島の対岸七キロの二十日市に集結していたが、彼は郡山城へ帰る部隊は一列、郡山城から前線に来る部隊は二列三列で行進させて、島の敵に毛利軍が逐次後退するように見せかけた。

○部下を死地に投じた。

九月三十日の夜、暴風雨を冒して厳島に奇襲上陸するや、乗ってきた船を全部帰して、必死の覚悟を示した。孫子の欠囲の策の逆を行ったものである。

○制海権をとる。

陶の本軍が厳島に上陸するや、付近の海賊を味方につけて制海権を獲得し、陶軍が島から逃げられないようにした。
毛利軍が完勝し、陶晴賢は死し、その軍が全滅的損害を受けたのは当然である。

且山城の攻囲

厳島戦勝の余勢をかった元就は、一五五七年三月大内義長を山口に攻めた。敗れた大内軍は長府（下関東方八キロ）の且山城に逃れて、これを死守し、さすがの毛利軍も手がつけられない。

元就は四月二日攻撃隊長福原貞俊に指示して、矢文を城中に射こませた。「大勢はすでに決している。死戦籠城してもむだである。義長は大友氏からの養子であるから助命するが、武将（実力者で事実上の首将）内藤隆世は大内氏譜代の重臣であるから、自刃してその罪を謝せ。自決しなければ義長もろとも討ち果たす」という意味の文面である。籠城して全員死を決している時は強いが、助かる者と死ぬ者とができると、一挙に結束がみだれる。また内藤隆世は辛い立ち場である。結局「私が責めを負って皆さんをお助けしよう」といわなくてはならなくなった。彼はこの夜、検使兼重元宣の前で壮烈な自殺をとげた。義長はいったん城を出て、谷の長福院に入ったが、翌三日毛利軍の包囲攻撃をうけ、計略に陥ったことを悟ったが時すでにおそく、強要されて自殺した。

この戦法は、孫子の「囲む師は欠く」の応用である。敵を攻撃して包囲しても、逃げ路を少しあけておかねばならない。絶対に逃げられないと覚悟すれば団結して死闘するが、おれだけは助かるかも知れないと思えば、先を争って逃げ出したくなる。敵と戦うどころか、味方討ちも辞せないのが人情である。浮き足たたせておいてから討て、というのが孫子の意見である。

太田道灌の部下の剣豪七人が謀叛して、一家にたてこもった。腕が立つので手がつけられない。考えた道灌は剣術の下手な家来に旨を含めて突入させた。彼は一人でたちまち七人を斬り伏せてしまった。後の方から道灌が「あの男だけは斬るな」と放送したからである。これも孫子流である。

敗戦後シベリアに送られた日本軍の将兵もこの手でやられた。「成績のよい者、よい情報を提供したものは早く帰す」に釣られて、同胞憎みあうの惨状を現出してしまったのである。追いつめられた者の悲しい心理である。

買収または抵当で押えた会社を無傷で手に入れるには、有力な幹部をひきつづき使ってやると約束をすることである。それでないと、ドサクサ紛れに荒らされてしまう。

尼子氏君臣の離間

一五六〇年八月、石見を席捲して出雲に進出し、尼子《あまご》氏と決戦しようとした毛利元就が最も恐れていたのは、尼子一族の最精鋭、新宮党の戦力である。元就は新宮党の首領尼子国久が毛利に内通しているとの流言を放ち、さらに元就から国久宛の偽の密書をもたせた使者を敵領内で暗殺させて、これを晴久の手に入るようにしむけた。晴久はついにその術中に陥って、国久以下の罪のない新宮党の幹部を、自らの手で殺し、最大の敗因をつくってしまった。

（七）謀略を考える

1 謀略とは

小さな力で大きな仕事をするには、謀略を使用する必要がある。

謀略とは、実力をなるべく使わないで、相手を自分の思うようにすることで、謀略工作の本命は、相手に自主的に計算させ、わが主張に同調する方が有利だと、情勢を判断させることである。

相手をだますこともないではないが、トリック工作では大きなことはできないし、長続きしない。謀略のベテランが「謀略とは誠心である」とか「謀略の第一要件は、相手を愛することである」などというのは、このためである。

謀略に宣伝はつきものである。わが威力を誇示し、弱点をかくし、企図をごまかすためには、巧みな宣伝が必要である。しかし不思議なことには、うそと手練手管で固めたようにみえる謀略の世界でも、うその宣伝効果は長続きしないということである。

注・明君賢将の、よく上智をもって間となすもの（偉大なる人物を諜報謀略の総元締めとしたもの）は必ず大功をなす。これ兵の要にして、三軍のたのみて（安心して）動くところなり。（孫子）

・上兵は謀をうち、次は交り（敵の親交国との）をうち、その次は兵をうち、その下は城をうつ。（孫子）

・謀略の秘訣は敵国を愛することである。（斎藤恒）

・謀略の根本は誠心である。（土肥原賢二）

・台湾総督としての明石の実績によれば、彼は権謀術数に欠けていたが、至誠率直、機宜に適する政策をとった政治家であった。（立花小一郎）

2 二つの謀略

謀略には敵をだます方法と納得づくでいく方法と二種類ある。秀吉が織田信雄に対し、その重臣が裏切っているように思わせて、自らの手でこれを失わせたことや、ナチスがスターリンをだましてトハチェフスキー元帥一派を粛清させたのは前者の例であり、明石やゾルゲ工作は後者の例である。敵をだます方法はしばしば奇効を奏するが、だまされるような人間は馬鹿か、一時の迷いをおこしているのであるから、大した仕事にはならない。大きいのは納得づくでいく工作である。明石の協力者たちは日本との戦争に敗けることが人民の利益であり、彼らの宿望を達成するための最高の手段である、と信じて働いたのであるから、大ロシア国をゆさぶるようなエネルギーを生んだのである。

第二次世界大戦で、日本を対ソ戦にふみ切らせようとした独・伊と、日本軍の鋭鋒をアメリカに向けようとしたソ連の、日本に対する謀略戦は物凄いもので、日本の要人の多くはこれにまきこまれていた。こんな工作は決して単なる利害関係だけで、できるものではない。日本人のアングロサクソン民族に対する反発感、伝統的な愛国心、主義に対する信仰的な熱情などに火をつけてあおりたてたのであるから、関係者は、死をも怖れない勇気をもって工作に熱中し、二派にわかれた日本の要人たちも、それぞれ自分の行為が真に日本のためになると信じていたのであり、今でも信じているのである。それでなくては、彼らがその後も依然として中央政界を濶歩し、社会の檜舞台で活躍しているようなことが、ありうるはずがない。

しかしもし尾崎が生きていて、敗戦後多くの罪のない日本人が、強制的にシベリアに連れて行かれて、死の苦役で虐待されたのを見たら、泣いたであろう。

謀略は相手の愛国心や愛社心をかきたて、あるいは冷静に計算させて、こちらの主張に賛成する方が有利だとの結論を抱くようにもちかけるのが最高である。この手でやられると相当な人でもコロリと参り、その収穫も莫大である。

注・上下欲を同じくするものは勝つ。（孫子）

・謀略と思わせない謀略が、良い謀略。

・こちらからあおった火は消えやすい。内からおこる火を待て。（武田信玄）

謀略にはいろいろな方法があり、謀略に成功した好範例は数々あるが、ここに注目すべき共通点は、隙のない相手にはききめがないということである。

レーニンのいい分

レーニンは決して明石やカイゼルに利用されたとは思っていないだろう。彼の立ち場になってみれば、「私は明石を利用して革命を準備し、カイゼルを利用して革命をなしとげた。そして赤色政権を固めるや否や反攻に出て、カイゼルを倒し、日本をシベリア、満州から追い出してしまった。われわれは日本とドイツに気の毒なことをした」といいたいところであろう。なるほどそのとおりである。

3 諜報

謀略には諜報はつきものである。しかし謀略と諜報とは違う。謀略は相手をわが思うように動かすことであるが、諜報はただ相手の状況を知るだけである。

相手の状況を知る方法には二つある。表面から堂々と調査する情報工作と、裏面から秘かに行なう諜報工作である。

諜報工作は優秀で権限のある人物（副総理、参謀次長、副社長など）を長とし、腕ききの工作員をもって、諜報網をはって活動させる。

幹部工作員は単なる忍者では役に立たない。広く政治、経済、技術上の知識と能力をもち、一流の人々とつきあえる教養と人柄が必要である。ゾルゲ事件の尾崎秀実は首相のブレーンが立派につとまる人間であった。

いかに優秀な工作員を使っても、組織がなければ能率があがらない。国際間では、平時より莫大な金を使ってこの組織網を培養している。大(公)使、大(公)使館付武官、各種通信機関、宗教団体などは、本人の意識するしないにかかわらず、この組織の中にはいっている。

われわれが中国で、煙草や塩の販売網を重視したのも、このためである。桶狭間の合戦を予期した織田信長が一番重視したのは、今川義元の行動を知ることであった。十倍の敵を破るには、敵の主将を狙い討つことが肝心で、そのためには義元の行動を詳知し、チャンスをつかまえて奇襲することが絶対要件だからである。信長は義元の行動を偵知し、できれば、奇襲のチャンスをつくらせるために、十年前より諜報網を植えつけている。また清洲城内外に張りめぐらされている今川方の諜報網に、自己の出撃企図を察知されないため、いろいろと苦心の演出をしている。

文書工作、スパイ工作

課報工作には文書工作とスパイ工作との二つがある。

新聞、雑誌、ラジオ、テレビ、公刊印刷物などに注意していて、目的に関係あるものを片っぱしから切りぬいたり、書きとめておいて、これを継続的に整理し、総合判断すると、その国の考えなど意外によくわかる。

〔新聞には、その国の考えが現われている〕

あの男は新聞の切りぬきばかりつくって、三年間すごしたそうだ、とある外国駐在の情報員を笑った人がいる。情報員はもちろん現場の風にあたることを忘れてはならないが、新聞の切りぬきということを一概に笑いすてることは間違いである。新聞にはその国の実力や考えが書かれている。これを切りぬき、総合し分析すれば、いかに言論統制をやっていても、必ず尻尾がでる。もちろん、内外各種の新聞を継続的に観察することが大切である。

明石、尾崎の両者が期せずして熱心に新聞を研究したことは、このことを実証している。上海での尾崎は、赤と青の鉛筆でアンダーラインを引きながら、各種の新聞を一字のこさず、批判的に、しかもメモをとって読んでいたのである。

〔羽仁五郎の新聞勉強〕

「新聞を通じて何がほんとうか、何がうそかをはっきり考えるのだ。日本がどう動くか、中華民国がどう動くか、世界がどう動くか、新聞がそれをどう動かそうとしているか、自分はどう動いたらよいか、これを知るために、生きるか死ぬかの真剣の勉強として新聞を研究するのだ。……そうして、こういうふうに、自分が新聞を読んで考えたことを、同じように新聞を真剣に読んでいる友だちに話し、友達の考えをきき、討論してみるのだ。そうすれば、世界の動きがだんだんはっきりわかり、自分がどうしたらよいかが、はっきりしてくる。」

（日本の現代史より）

スパイの手段

スパイ工作では、相手の通信を盗聴、盗見したり、役所や要人私宅の屑紙を集めたり、キャバレーや料理屋の酔っ払いの放言を聞いてまわるのである。艦隊出動の前祝いに、軍港の飲み屋で大言壮語する水兵さんほどスパイを喜ばせるものはない。

スパイ工作には、何も泥棒の真似ばかりする必要はない。東京にいても世界中の電波は聞こえてくる。キューバ島にソ連のミサイルがおかれても、中共でアメリカのU２型機が落とされても、両国の無線交信状態がある程度以上に頻繁にならなければ、戦争になることはない。社長の自動車の走った跡は一定の模様を描くものである。毎日記録をとっていて、その変化に気をつければ、社長の新企図はすぐわかる。

一流会社の料理屋に対する支払いぶりを統計的に観察していて、手形不渡りの発生を七〇パーセント予見し、被害を免れた銀行がある。なお支払いのよいのは必ずしも会社の業態がよいとは限らない。

ある国の首都で、婦人生理用品が急に不足したことに不審を抱いた大使館付武官が、市中の薬局を調べたら、医薬品の流通が非常に悪くなっていた。彼はこのことにより、その国の軍事行動開始を半年前に察知した。

エビで鯛を釣る。――情報は七・三で取り引きせよといわれている。ある程度こちらの情報を与えると、相手も気持ちを楽にしていろいろ話してくれる。要するに与えたよりも余計にとればよいわけである。競争相手が工場を見にきても、そんなに敬遠する必要はない。相手が何を知りたがっているかがわかれば、相手に知られた以上の収穫があることが多い。七・三にするか、三・七にするかは、自己の能力と心構えによってきまる。取らない、取られない主義では安全ではあるが進歩がない。少しとられてたくさん取る積極策に出るべきである。

〔ゾルゲのスパイ術〕

(1) 指導的立ち場にある人と関係をもて。—情報は断片的なものを、広い範囲にわたって集め、総合判決をすることが大切である。総合判決のためには要人の意向を知っておくと便利である。

(2) 広く、その国民と接触せよ。—そのためにはその国に関する、あらゆる知識をもっていなければならない。私は日本を知っていたから、各方面の有識者と会談し、決定的な最終結論をひきだすことができた。

(3) 女性は諜報活動に不向きである。—政治や社会事情にうとく、夫の話さえ理解できないのが多い。夫のある女性は夫の嫉妬を受けやすい。

(4) 金は必要であるが、浪費は警察の目をひきやすい。

(5) 合法的偽装が必要である。—新聞社の特派員や商人のような、多くの人に接してもおかしくない定職をもたねばならない。

(6) 人種的差異の甚だしい日本における諜報工作は困難である。どうしても優秀な日本人助手を必要とするが、これを得るには思想的・宗教的同調によるのがよく、政治的利益や金銭的報酬によるものは安定性がない。

(7) その国の警察に対して常に関心をもて。―特に入国後しばらくは諜報活動をしてはいけない。私がロシア語を話せることは、最後まで誰も知らなかったはずだ。常に家宅捜索を受けるものと予期して整理していた。

(8) 軍事情報をうることは困難であるが、国内政治や外交政策に関する情報は比較的容易に入手でき、しかもこれによって軍事情報を推察できる。

施政方針に関する情報は、上流階級の人から容易にとれた。彼らは政治問題を論議して問い詰められると、どんな機密事項でも、知らない素振りのできない習性をもっている(知らないと沽券にかかわると思う?)。またドイツに関する情報をもらすと、きまって日本の秘密情報をもらしてくれた。日本の新聞記者は各種の秘密情報をよく知っていた。

(9) 政治問題に関し、絶対に秘密を守るということは不可能である。

(10) 噂に注意せよ。―日本では、何事かが起こる前にはきまって噂が乱れとぶ。そしてその噂を集約してみると、何がおこるかが予想できる。

(11) 秘密事項に関係する人は、軽率に発言してはならない。―ドイツ本国から来たハーク特使は雑談中に「ソ連のスパイがうるさくて仕方がない。大島駐独大使、リッベントロップ外相、カナリス秘密情報局長らの邸のまわりにはソ連のスパイがうろついていて、反共条約会談の写真までとられたので、この頃は三者会談はしないで、私が三者間を連絡してまわって交渉をつづけている」と洩らした。私の報告によって、ソ連はいままで気がつかなかった三者会談に注目しはじめ、ハークに尾行をつけた。部外者には、いかなる親友にでも、秘密はもらしてはならない。

⑿ 防諜工作には大局を逸してはならない。──日本の警察はわれわれ外国人の日常行動のつまらないことばかりを注視していた結果、大きなことを見逃している。私の考える防諜の秘訣は、すべてのことを秘密にすることのみでなく、スパイの知りたがっていることの焦点を絶えず変化させていくことである。こうすれば、スパイは疲労困憊して、ついにその対象については諦めてしまうであろう。

⒀ 私は本部で準備してくれた、多数の偽造旅券を使用した。アメリカの出入国は容易であったが、イギリスでは困難であった。

〔尾崎秀実の諜報工作九カ条〕

(1) 情報を欲しがるような様子をみせてはいけない。重要な事件に関係している人は、相手が情報を欲しがっていることを察すれば、一切口をつぐんでしまう。

(2) 情報入手の秘訣は、相手よりもよけいに情報をもっている顔をすることである。

(3) 非公式の夕食会合（宴会）は情報収集に最適な場所である。

(4) どれかの部門の専門家であると、情報入手に好都合である。私は中国問題の専門家であるため、各方面から種々の問い合わせを受ける。質問にくる人々は多くの材料を提供してくれる。

(5) 新聞雑誌の寄稿家である私の立ち場は便利なことが多い。

(6) 私は日本の各地から講演を依頼される。したがって、地方事情に精通できる。

(7) 情報収集に関する機関に関係をもつことが大切である。私は朝日新聞や満鉄調査部に関係していた。

(8) 情報屋としての自分を利用しようとする人間から、逆によい情報をとるには、その人に信用されることが大切である。

(9) 不断の勉強と広い経験とが必要である。自分が一人前に情報の提供ができなければ、他人からも情報はえられない。

スパイはいろいろな手を使う。日本にはじめて無煙火薬ができるようになったのは、欧州某国の火薬工場を参観中の日本の技術将校が、転んで手をついたときに掌にくっついた一片を持ち帰ったのが端緒である。同業工場が新鋭機械を入れた場合、これを直接探り出そうとすると、なかなか難しいがそれを納入した機械屋にいってみると「私どものこの機械は○○

社に納入しました」とパンフレットに書いて自慢していることがある。日露戦争のとき、在満ロシア軍の状況は、欧州の新聞社の方が良く知っていた。現在でも、アメリカの状況はアメリカ本国よりも、西ドイツや日本で調べる方がよくわかるといわれている。

スパイの手順

(1) 目的を確立する。—何を知ろうとするかをきめる。
(2) 誰をねらうかをきめる。—われわれの希望していることを知っているのは誰か、と確かめる。
(3) いかにして接近するかをきめる。—接近方法により、あるいは自ら当たり、あるいは適当な人を使う。

〔狙う人〕

(1) 最高責任者（元首、首相、社長）。
(2) その次の者——トップに比して油断がある。
(3) その前任者——油断または不平がある。
(4) その側近者（夫人、情人、侍従、秘書、副官、書記、タイピスト、運転手、家族、門番、友人。さらに自家用車も）

（5） 直接担当者およびその助手。
社長の行動は、秘書、運転手、自家用車のナンバーを握っておれば、大ていわかる。

ねらいをつけた人の身上は徹底的に調査する。本人の賢愚、私欲の強弱、趣味、好き嫌い、健康、財産および金使い、勤務状況および勤務の不満、事業とその現状、家族の状況、交友関係などを細大洩らさず調査し、一表にして検討すれば必ず〝弱点すなわち泣き所〟をつかむことができる。泣き所のない人間はない。これに向かってスパイ工作の重点を指向する。

なお交友関係によって、接近の糸口を見つけることもできる。

トップか端末か？

スパイ工作には、相手の端末を狙うものと、直接首脳部を狙うものとある。昔から「下郎は口さがない」といわれている。門衛、人夫、兵隊などのいうことを聞き集めて、これを総合し、問題点に絞っていく方法が前者であり、後者は大統領、首相、大臣、参謀総長およびそれらの前任者に直接働きかけるもので、案外多く成功している。

大臣の車中談などには、持ち場をはなれた気安さから、案外な落とし物が入っていることが多い。要するに、見かけによらず、トップはスパイの好餌である。金持ちは金に弱く、地位のある者は地位に弱い。

守衛やタイピストはなかなか良い情報を提供してくれる。しかし大きな諜報工作の矢はズバリ敵の首脳部に向けられる。ゾルゲは近衛文麿を射とめているし、明石はロシア不平党の首領と手を握っている。最近でもイギリスの陸軍大臣*が狙われたらしい。これは古今東西にわたって常に行なわれていることで、珍しいことではない。

オーストリアはナポレオンのためにたびたびひどい目にあっており、対ナポレオン工作は、オーストリアとして最重要事であった。オーストリア外相メッテルニッヒはナポレオンの軍事行動を予察するために必死の手をうった。ナポレオンの外相タレーランに目をつけたのである。タレーランの身辺を洗ってわかったことは、軍人のナポレオンと文官のタレーランとは、内面的には必ずしもシックリと一致していないこと、タレーランが貪欲なことである。メッテルニッヒはこの弱点を狙い、多くの金銀財宝を贈って、巧みに彼を買収し、フランス軍の重大情報をえていた。

金に弱いのは、実はナポレオンも同様であった。内ではジョセフィーヌ夫人の濫費の後始末のため、ずいぶん無理な金策をし、外では政治資金を獲得するため、イギリス*に対する経済封鎖において、特定の商人だけに例外の貿易許可を出したので、折角の彼の大施策を、正

イギリスの陸軍大臣——初版発行年から「プロヒューモ事件」を指すと考えられる。

直者を苦しめ、ずるい者を益するだけのものにしてしまった。

昔わが国の宮家に仕えた者の一番苦労したことは序列の問題である。儀式の時の席次、お帰りの時にお召し車を呼ぶ順序など一つ誤ると大変なことになる。軍人は節操が固いと自負していたが名誉と階級に弱かった。孫子も「怒り易い者は侮ってやれ、廉潔なる者は辱しめてやれ」といっている。金持ちは金など見むきもしないと思われるが、案外小さな金で操縦できる。宵越しの金をもたない江戸っ子の方が扱いにくいのである。一度大臣をやった者は、大臣の椅子に誘惑されること、われわれの想像外である。骨董品はたくさん集めれば集めるほど、よけいに集めたくなるそうである。私は敗戦の時愕然とした。陸軍中佐の階級章をとったら、あとに何にも残らなかったからである。

謀略も諜報も首脳部を狙いうちにしてくる。そして首脳部はその一番たくさんもっているものを餌にして釣られてしまう。

〔接近させる人〕

接近させる人としては、知りたいことが技術的な場合は、全然の素人では駄目であるが、その道のベテランでは、かえって警戒される。むしろ接近容易なことを第一にして人選し、ある程度の予備知識とねらい所を教えるのがよい。いくら近い親戚や、仲の良い友達でも、長く御無沙汰していたものが、急に頻繁な接触をはじめると、おかしく思われる。縁はうすくとも、平素よくつきあっている人、とくに取り引き上相手が負い目を感ずる人がよい。

〔任務の与え方〕

こちらが何を考え、何を知ろうとしているかをさとられないように、広範な任務を与え、もってきた情報のうちから、必要なものを選りわけて使う。スパイは寝返りをうつものである。くれぐれも自分の意図をボカスことを忘れてはならない。

あまり永続的な任務を与えない方がよい。適当に区切り、一区切りごとに報酬を与えて清算し、一区切りの報告にもとづいて、次の任務を与える。

命令

スパイに与える命令と一般の命令とは違う。一般の命令に不可欠の要件は、発令者の企図と受令者の任務であるが、スパイに与える命令には受令者の任務だけを示して、発令者の企図を示してはならない。スパイは敵に捕えられることもあり、裏切ることもある。最初から両方のスパイを兼ねたものもある。スパイ市場ができていて、両方のスパイがお互いに情報

イギリスに対する経済封鎖――大陸封鎖令。1806年大陸諸国にイギリスとの貿易を禁止。これを破ったロシアに1812年ナポレオンが60万人の大軍を率いて侵攻した（ナポレオンのロシア遠征）。

をもちよって取り引きしていることもある（業界紙というものは、自然にこんなことになってしまう）。こんなスパイに、うっかり自分の企図などもらしたら、とんでもないことになる。スパイを使えば、同時にそのスパイからスパイされることを覚悟していなければならない。

スパイ活動

数人で手わけし、ねらった人の弱点に向かい、集中かつ反覆して攻撃をかける。この際不自然なことがないように相手に近づき、くもの巣で、がんじがらめにするようにし、相手がそれと気がついたときには、すでにぬきさしならないようにしてしまう。あせって不自然な感じを与えないためには、スパイ活動の期限を切らない方がよい。

〔探りのいれ方〕

(1) 間接法。—直接そのことを聞かないで、クッションを入れる。たとえば会社の生産高を調べるときには、一方では五年ぐらい前のものを聞き（古い情報は、誰でも警戒しないで話してくれる）、他方で、今年は五年前の何倍になったかを聞く（これは自慢して話してくれる）。

(2) 誘い水をかける。——たとえば、あの工場（商売がたきがよい）では、こんな良い機械をいれましたよ！といえば、おれの方だって、こんなのがある！と自慢したくなるのが人情である。

(3) 風俗習慣を考える。――外国人の夫人は、夫の勤務上のことを相当よく聞かされている(日本でも最近この種の人が多くなった)。クリスマスの贈り物を重視するから、思い切ったものを贈ると効果がある。一般に関西人は関東人より、外国人は日本人より「金や物を貰ったことによって生じた自分の責任を果たすこと」に真剣である。江戸っ子は欲しいくせに欲しくないような顔をし、貰ってもそれだけの義務を果たそうとしない。

(4) 受付係、運転手、門番など。――これらは比較的少額の金で買収できる。そして、これらから聞き出した断片的な情報を鍵とし、あるいは総合して、重要事項を割り出すことができる。たとえば、今夜のお客さんは甲さんと乙さんですよ、といわせれば、会談の内容を教えてもらったと同じことになることが多い。有能な新聞記者は、この手でどしどし特種記事を書いている。

収穫

(1) 批判しない。――スパイのもってきた情報は、批判しないで受け取る。批判することにより、逆にこちらの企図を察知されるおそれがある。スパイは、必ず相手からも使われると思わねばならない。

(2) 別の理由で断わる。――売りこみ情報を断わるときも、気をつけないと、断わり方によって、こちらの希望、知っている程度、能力などを打診されてしまう。「これはインチキ図面だ」などといわないで、今は金がないから買えない、などとごま化しておく方が安全である。スパイに対しては、あくまで自分を、摑みどころのない人間にしておくことが大切である。「あれが知りたい」などといえば、必ず敵の方へ「あれを知りたがっている」と、売りこまれてしまう。

(3) 他所へも売っている。——金になる情報は、必ず他のところへも売りこまれている。自分ひとりだけ知っている、などと喜んで安心していると、人に先を越される。

(4) 信用しない。——スパイのもって来た情報をことごとく信用したら大変なことになる。ほんとうのことが三分の一もあればよい方と思わねばならない。だまされないためには今までに得た情報を整理して、一表にしておき、各種の情報をかれこれつきあわせて、真偽を確かめ易いよう準備をしておくことが必要である。

千三つ屋

いろいろな儲け仕事をもちこんではくるが、千に三つしかよいものがないのを千三つ屋という。謀報や謀略工作のようないわゆる水商売をやっていると、千三つ屋がワンサと集まってくる。千三つ屋に甘い顔をしていると、またたくまに工作資金を吸いとられてしまう。しかしあまりきびしかったり、持ってきたネタをけなしたりすると、全然情報が集まらなくなる。情報というものは、一見つまらないものに非常に重大な糸口となるものがあるので、千三つ屋の取り扱いには慎重を要する。社員からアイデアを募集する場合でも、くだらないものとわかっていても表面感心して取り上げてやらないと、もって来なくなってしまう。

明石がロシア不平党に関する重要な情報をつかんだのは、ベテラン書記官達が相手にしなかった情報売り込み屋を、まあまあ！とばかりに、代わって応対したときのことである。これが彼の大工作の第一歩だったのである。千三つ屋にだまされてはいけないし、馬鹿にしてもいけない。古文書収集家は紙屑でも、インチキ手紙でも、黙って買っている。情報を集めようと思ったら、千三つはおろか、万三つぐらいは覚悟して、辛抱づよく、丹念に仕事しなければならない。

収穫の判断

判断には計算が必要であるが、計算にとらわれると大局を誤る。常識が必要である。

〔明石の常識〕

日露戦争で一番問題になったのは、満州のロシア軍の兵力がどれくらいになるか、ということで、それは一つにシベリア鉄道（単線）の輸送力にかかる、とされていた。日本の参謀本部では、一日何列車運行できるかが議論の焦点になり、いろいろ計算したが、結局、ロシアは兵力は多いが、地の利をえた輸送力をもつ日本軍にはかなわない、われの勝算は十分である、という結論が出た。

しかし明石一人はこの意見に反対した。輸送力は第二義的問題である。ロシアが現実に多数の軍隊をもっている以上、危急にあたっては、何らかの方法によって、必ずこれを輸送するものと思わねばならない。現に敵が実物をもっているのに、これが使われないことを前提として計画するのは危険である、というのが明石の主張であった。

開戦となると、ロシア軍は果たして、あらゆる非常手段をとって、予想外の大兵力を満州戦場に集中しはじめた。満州についた列車は、すべて線路外につき落として送還しない。一方通行になれば、輸送力は単線の三倍以上になる。今までは船で中継輸送をしていたバイカル湖を迂回する鉄道を、突貫工事で完成した。

明石の構想は、ロシアの動員（軍隊を作ること）を妨害し、辛うじて動員された軍隊は欧州方面に釘づけにし、ついに戦場に現われた軍隊に対しては、その戦意を奪い、あるいは反乱をおこさせることであった。

スパイ防止

〔地位〕会社の秘密を知ることのできるポストをできるだけ少なくし、やむをえず作っても、一人で全部がわからないように、任務や権限を分割する。

〔人選〕右の地位につける者の人選および身上調査を厳重にする。前からいる社員でも、こんな地位につけるときは改めて調査し、現在その地位にあるものは定期的に注意する。婦人関係、飯酒、賭け事、家庭の不和、極端な蓄財性などは注意を要する。現在の地位、待遇に不満をもっている者は変えた方がよい。口の軽い者はいけない。特にわれわれ日本人は、「相互親密の度を現わすのに、機密洩漏の多少をもってする」奇習があり「君は親友だから」といって、相手の面食らうほどの秘密を不用意にもらしていることが多い。相手が直接その秘密に関係がない、と思うと特にそうである（間接には、意外に密接に関係があることが多い）。

〔分散〕会社の秘密を知っているものは、必ずいつかは相手に利用されるものと考えて、次善の処理をしておくことが大切である。たとえば、秘密書類の入っている金庫は、二人以上が持っている鍵を持ち寄らないと開かないようにしておき、重要設計は数人に分割受け持たせて、一人に全貌がわからないようにする等、一人ぐらい買収されても、全体を暴露されない用心をしておく。

〔一連番号〕重要書類の複製は部数を限り、一連番号をつけておき、余分を作らせない（担当者は必ず予備を作りたがるから監視が必要である）。

〔古い書類〕古い設計書や統計を粗末に扱わせない。これから新設計、新統計を手繰られる。

〔既に漏れている〕戦時の大本営の防諜担当者は、無線電波にのせたもの、電話したもの、文書にしたもの、会議にかけたもの等は、すべて敵側に漏れていると思わねばならないと歎いていた。イギリスのチャーチル首相も、閣議にかけたことは、一週間以内に敵国に知られてしまうと、サジをなげていた。

〔久し振りの来訪者〕とくに長く交際の途絶えていた者が、急に足繁く通ってくるようなときには、警戒しなくてはならない。

スパイの外見

スパイは金で悪いことをするいやしい奴だ、などと思っていると大間違いである。国や会社のトップを目指してくるようなのは、外見内容ともに一流の人物で、紳士中の紳士、淑女中の淑女である。端末に接近する水商売の女性や屑屋などでも、外見だけで内容を判断してはならない。赤穂浪士の例もある。

行商人姿が板についたキッチナー

第一次世界大戦時のイギリス陸相キッチナー元帥は、若い頃、エジプト戦争（一八八一－二年）には、スパイとして行商人に扮して、諸所を潜行したが、連れの一人は捕えられ、灼熱の炎天下にハリツケの刑に処せられるのを見ていながらも、心を動かさず、常に毒薬を懐中にし、使命のために粉骨砕身したことは有名な話である。

羊のようなカナリス

ドイツの海軍将校カナリスは諜報謀略の天才である。第一次世界大戦中、あらゆる変装をして敵地に潜入し、サボタージュを扇動したり、イタリア戦艦を爆沈させたりして、おそれられた。イタリア官憲に捕えられて、死刑の宣告をうけたが、処刑の前夜、教悔師の服をつけて逃亡し、世間をあっ！といわせた。第二次世界大戦においては、ドイツの諜報謀略工作の総指揮をとり、全欧州に張りめぐらした彼独特の組織網をフルに働かせて、大活躍をした。西方戦場においては、英仏軍の情勢判断を誤らせ、東方戦場においてはドイツの進攻企図を秘匿して、有名なドイツ電撃作戦の成功に大きく寄与している。彼はヒットラーの信任をえて、その直接統率のもとに敏腕をふるったが、後には意見があわなくなって、多くの愛国者とともに、一九四五年四月九日、刑場の露と消えた。辣腕家は経理部長にはなれない。明石もトハチェフスキーもカナリスも、要するに社長に敬遠されたのである。

彼の心中には、諜報謀略の執念ともいうべき執情が、常にはげしく燃えつづけていたが、外見はまったく平凡な田舎紳士で、そのずんぐりとして愛嬌たっぷりの白髪頭は、接する人に気のよさそうな印象を与えた。彼はいつもねむそうで、人と話すときは羊のような顔付きをしていて、これが凄腕のカナリスかと、誰もが信じかねるほどであった。

〔カナリスの友人〕彼が海上勤務で地中海を巡航すると、港々に怪しげな人間がいて、艦に彼を尋ねてきて、同僚たちを呆れさせた。

〔カナリスの演出〕第二次世界大戦開戦直前のある日、ドイツの軍用機がベルギー領に不時着し、乗っていた参謀とともに、ドイツ軍のベルギー進攻作戦計画が、イギリス軍の手に入った。見ると攻撃開始の時機は二時間後に迫っている。イギリス軍は大急ぎで全軍を展開して待ちかまえた。しかしドイツ軍の攻撃はついに見られず、ただドイツの偵察機がイギリス軍の動きを、悠々と見ていただけであった。

愚直に見えた明石

彼の鋭敏緻密な頭脳は、そのヌーボー式の態度でぼかされて、人に警戒心をおこさせない。これは公私大小すべての点に現われている。ある国際的宴会で隣席のドイツ武官がフランス語で「貴方はドイツ語を話せますか」という。「いや！　できません」と答えると「ロシア語は」という。「私はフランス語以外はだめです」と東洋の田舎者まるだしの態度でノンビリ答えると、そのドイツ武官は傍らのロシア武官と盛んに機密を話しはじめた。明石はその鋭い頭脳をフルに働かせて、そのことごとくを聞きおぼえてしまった。その中には対露作戦画策上重要な資料があったのである。

スカウト

営業や技術の全体を握るような社員の地位は、あまり作らない方がよい。会社を変わることや、社員の引きぬきが、手軽に行なわれる近頃では、この地位にある社員は、スパイの対象として狙われ易い。引きぬかれた会社はもちろん不幸であるが、スカウトされた本人も結局幸福にはなれない。新会社は、またスカウトされることを怖れ（前科があるから仕方がない）、当面の用事がすめば敬遠するからである。

4　孫子の五間

間とは、間者すなわちスパイのことであるが、孫子の間は単なるスパイではなく、謀報工作員と謀略工作員の両方を総称したものである。

なお孫子的な考え方は、純粋に、中国人の第二の天性となっていることを忘れてはならない。なお日本人の孫子は、日本的なものに染色されている。

「間（スパイ）を用いるに五あり。郷間、内間、反間、死間、生間これなり。郷間は、その郷人を用い、内間は、その官人（敵国の要人）を用い、反間は、その敵（敵のスパイ）を用い、死間は、偽事を外になして（うそのことを真実のように見せかけて）わが間をしてこれを知りて（真実と思いこませて）敵に伝えしむるなり（真相暴露とともに多くは殺さる）。生間は、帰りて報ずるなり。」

（説明）スパイの種類にはいろいろあり、孫子はこれを五間と名付けている。郷間（敵国の人民を使う）、内間（敵の首脳部すなわち役人、経営者を使う）、反間（敵国のスパイを逆用する）、死間（敵に真実の事と思いこませて虚報を伝えるもの）、生間（味方の人間をスパイとして敵国に潜入させ、ひそかに状況を探らせるもの）の五つがこれで、中で孫子が一番重視しているのは反間である。敵のスパイを逆用することは、最も効果的なばかりでなく、これを手がかりにして、郷間や内間を獲得することができ、死間や生間を働きやすくすることができるからである。諸葛孔明も「敵がわれを謀ろうとするときは、わが計略も行ないやすい」といっている。会社の事情を調べにくる業界紙の記者や興信所の調査員などは、反間や死間として活用すべきである。

妻を反間に使った織田信長

信長の新妻濃姫は、隣国美濃の強敵斎藤道三の娘である。濃姫は妻であるとともに道三のスパイであった。

新婚早々の信長は、夜中に突然起き出して、しばらく帰ってこない。不審に思った濃姫がやきもち半分に問いつめると「美濃の重臣の両家老と内応の約束があり、稲葉城下に火の手のあがるのを合図にして、呼応して挙兵することになっている」と、毎夜火の手を見に行っているのだと説明した。濃姫の急報により、罪もない両家老は、さっそく道三の手で殺されてしまった。信長は労せずして敵の戦力を減殺したのである(この説は事実と食い違いがあるが、この種のことはあったに違いない)。

死間の例としては、偽の講和使節がある。講和使節は自国が講和しようとしていると信じ、熱心に和平工作を進める。敵もこれを信じて油断したところを狙って攻め滅ぼす。敵は怒ってその使者を殺す。すなわち死間である。反間は大てい死間になる。反間によって事を誤った敵の君主は、怒ってその反間を罰するからである。

5 指導理論は単純明快に

謀略は複雑な関係を通じ、公然でない手段をもって、相手を自分の意思に従わせるのであるから、漠然とした、複雑な主張は相手に通じない。明石の場合は「ロシア政府の戦争意志を放棄させることが目的で、当面の目標は革命運動の助長である」。ゾルゲの場合は「日本の方向が、北か南かを知る」ことである。

なお、大衆は、指導者の号令は聞くが、その弁解や慰撫抑制には耳をかさないものである。

6 謀略は実力で支援し、実力で収穫する

謀略は単独では成功しにくい。もし成功しても、大した収穫はない。明石の謀略は、満州に作戦した大山元帥の二十万の武力行使と策応し、その武力行使をもって、機を失せず収穫したから成功したのである。

関ヶ原戦における徳川家康が、小早川秀秋に対して行なった寝返り謀略は、彼が直率の精鋭部隊を秀秋の眼前に展開して、派遣してあった使節の説得工作を支援したから成功したの

である。また謀略成功と同時に、正面の敵に総攻撃を開始しなかったら、あれだけの大戦果をあげることはできなかったであろう。

謀略は元来、実力工作の補助手段である。実力をもってする真面目の努力をしないで、謀略にばかり頼れば〝策士、策に倒れる〟ことになる。「正攻法で圧倒し、奇策で勝を決する」という孫子の呼吸が大切である。

注・戦いは、正をもって合し、奇をもって勝つ。（孫子）
・戦争の最後を決するものは、正々堂々たる大決戦である。（チャーチル）
・一九一七年のボリシェビキ革命をはじめとして、武力の支援なくして成功した革命はない。（レーニン）
・いかによいアイデアでも、担当者に実行力がなければ空転に終わる。

7 金を惜しまない

謀報、謀略に金を惜しんではならない。これらの工作は水物で、出した金に相応する収穫が必ずあるとは保証できないから、結果によっては担当者の責任問題にもなりかねない。この種工作はトップ自らやれといわれるのはそのためである。事実政府なら副総理、軍なら参謀次長、会社なら副社長が手がけている。戦国武将は、首将自らこの手綱を握っているが、近代組織体では、最高トップは表芸に専念すべきもので、裏芸はその次の者に采配を振らせないと、本業に悪い影がさしていけない。

スパイ屋にだまされて、金をムダ使いするのは困るが、これだと思う工作には、十分金を注ぎこむべきである。必ず採算がとれる。孫子は、「兵を動かせば一日千金かかる、もし、大軍の費用を一日省けるならば、たとえ一日百金を使っても、差し引き得である」と教えている。

明石がその政治謀略の資金として使った金は、当時の金で七十七万円の大金であるが、こんな金は大山満州派遣軍の三日分の費用にもならない。第二次世界大戦でドイツ軍の強圧を受けていたソ連軍が盛り返せたのは、ゾルゲの諜報により〝日本軍にシベリア進攻の意図なし〟ということを知り、在シベリア軍の主力を欧州に転用できたからである。ゾルゲ工作費に何億円もかけても、安いものである。

注・太平洋戦争の戦費は約百兆円といわれている。

8 侵略するには、上陸作戦や降下作戦はいらない

明石は不平党員を組織だてておいて、これに汽船二杯分の武器を補給することにより、ロシアを転覆させようとした。

レーニンは工場労働者を組織だてておき、ペトロパウロフスク要塞にあった大量の貯蔵武器を奪ってきて、この組織を武装することによって、一夜のうちに大赤衛軍を出現させ、ペトログラードの要所を一挙に占領して、十月革命に成功している。

国を占領するには、大がかりな上陸作戦や降下作戦はいらない。電力、通信、鉄道などの重要産業の労働組合のどれかと握手し、これを強大な全国組織に育てあげておき、必要なときに武器を空輸してきて武装させれば、武力をもって、その国の心臓部を占領したことになる。何も世界に気がねしながら大軍を動員し、史上最大の上陸作戦みたいなことをやる必要はない。

敵国の軍隊を兵器もろともいただいた例は少なくない。日本敗退後の中国大陸で、蔣介石軍を撃破した中共軍の精鋭は、ソ連軍装備ではなくて、米軍装備であった。アメリカが送った武器で装備された蔣介石軍の大部が、武器もろとも中共軍に寝返ってしまったからである。

ベトナムやラオスでも同じ現象がある。外国援助というものは難しいものである。

9　近代謀略の矢は大衆に向けられる

昔は、国家というものは一部権力者のものであったが、今は大衆のものである。昔は一部権力者を動かすことにより国を動かすことができたが、今では大衆の同意をえないかぎり国を動かすことはできない。したがって政治謀略の重点は大衆に向けられ、その手段としてマスコミが重用される。

国家が大衆の手に移ったのを如実に示したのは一八七一年の普仏戦争である。この戦争では、フランス皇帝はその全軍と共にプロシャ（ドイツ）軍の俘虜となり、首府パリはプロシャ軍に占領せられてもなお終戦にはならなかった。フランス民衆の国民的抵抗がやまなかったからである。それまでの戦争は、皇帝の決意すなわち国家国民の決意であり、皇帝が降伏しているのに、国家国民が戦争を継続するということはありえなかったのである。フランスは有名なフランス革命（一七八八年）の洗礼をうけているので、他国にさきがけてこの現象が現われたのであって、この時に世界のすべての国が国民の国となったわけではないが、現代の謀略は国民大衆を狙わなければ、その国をゆさぶることはできないのである。アジア諸国の政治工作を見ても、権力者のみをかついでの政治謀略は、大衆を動員する政治謀略に常に圧倒されている。

10 扇動の原則

騒乱をあおるには、次のようにアジればよい。

「人民の生活を守ることができなくて、税金ばかりたくさんとる政府は、悪そのものだ。その悪を倒せ！　われわれとともに蹶起して政府を倒せ！」

このことを山岡荘八著の「織田信長」の中の木下藤吉郎は、わかりやすく説明している。

「――先ず野武士を百人ばかり集めて、敵地に送り火をつけます。火を見ると人間は恐怖心をおこします。領民を恐怖におとしいれるのが第一。第二には、その混乱の中で押込み強盗を盛んにやります。完全に混乱しているのを見すまして、第三の手をうちます。第三の手とは他でもない扇動でございます。……どうじゃ！　お前たちの領主は、すでにお前たちの生活を守ってくれる力はなくなっているのだぞ。その力のない領主に重い年貢を納めて贅沢させてどうなるのだと……この扇動の口上ひとつで、戦には、いかにも大義名分がついて来るかに見えるから不思議でございます。領主を倒せ！　と信じ出した領民にむしろ旗を押し立てさせ、向う鉢捲で、ワーッと押寄せる段になると、前田（犬千代）様など二十日間で、百姓どもに首をとられるか、裸で叩き出されるか、どちらかです。

しかし私は決して、こんな事は本気ではやりません。これで成功しても野盗上りの小大名がせいぜいです。藤吉郎は、そうした戦法のすべてを究めつくしておいて、逆にそれらの策動を防ぎ、天下を制するほどの大仕事の手伝いが致したいのでございます……」

11 よい工作員

課報でも謀略でも、よい工作員を手に入れることが第一要件である。よい工作員は単に探偵眼に優れているだけでなく、人を信用させる立派な人柄であり、広い知識をもっていて、あらゆる面の情勢判断ができなくてはならない。すなわち政治家、実業家、ジャーナリストとしても一流の人物であることを必要とする。こんな人は金やおだてでは動かないし、もちろんだますことなどできはしない。

〔金にだらしのない者は謀略に向かない〕

謀略は水商売である。したがって無駄金も使わねばならないし、泥水も呑む必要がある。しかし金にだらしのない者や生活にしんの通っていない者の工作は大成しない。

明石もゾルゲも金使いはしっかりしていたし、しんの通った生活をしている。かつての中国には自称大謀略家の日本人がずいぶんたくさん行っていたが、その大言壮語にも似ず、あまり成績があがっていない。工作そのものよりも工作員生活そのものに耽溺して、本来の努力を怠り、あるいは逆に金に使われて、相手の提灯持ちになってしまうからである。事実当時の中国通のことごとくが中国びいきであった。この現象は今でもある。

水商売での成功者を見ればわかるように、情に流されるものは、情の世界では生き残れないのである。

12　泥沼工作をさける

資金援助というものは難しいものである。身分不相応な資金を手にすると、大ていの者は堕落し、依頼心をおこし、真面目な努力をしなくなる。アジア諸国にはアメリカの資金援助のために逆に身を滅ぼした政権がたくさんある。政治資金とか工作資金とかいう特殊な金を使う者は、金に対してよほどしっかりした覚悟をもっていないと失敗する。また使い方をよく考えないと、太平洋に札束を投げこんだみたいに、いくら金をつぎこんでもさっぱり効果があがらない。

明石は金の使い方が几帳面であった。莫大な資金を自由に使える立ち場にありながら、五年間の欧州駐在中一度もレクリエーション旅行をしていない。大功をたてて帰国すると、直ちに参謀本部へ行き、残金とともに収支明細表を提出して、資金の用途を詳細に報告している。明石の相手の人たちも立派な人柄で、決して目的にはずれた浪費をしていない。それが明石工作が泥沼工作に陥らなかった原因である。

ゾルゲ事件が、あれだけの事が行なわれていながら最後まで発覚しなかったのは、一味のうちだれもが浪費しなかったからである。これは大変むずかしいことで、この点だけでも彼らは大したものである。連夜盛宴を張り、国事に名をかりて、耽溺生活を送って大言壮語した東洋風の豪傑工作員らが、碌な仕事をしなかったのは当然の帰結である。謀略はもっと着実、合理的で辛抱強く行なわねばならない。ほんとうの謀略は、平凡でジミなものである。決して小説になるような華やかなものではない。

13 政治工作員の生活態度

中国の奥地を作戦したときのことである。猛烈に暑い夏の真昼、青いもの何一つない黄色い平原を長いこと歩いてヘトヘトになって坐りこんだとき、ふと目に入ったのは城のような教会であった。クリスチャンの小隊長に交渉させて一休みさせてもらうことになったが、彼が一同を代表してお祈りみたいなことをしたら、青い目の宣教師さんがすっかり安心したり喜んだりしたりして、歯のこぼれおちそうに冷たいアイスクリームを出してくれた。この一週間ばかり泥水ばかり飲んで来、そして今朝からその泥水にもお目にかかっていないわれわれは夢のような気がした。見れば電灯もある。われわれはこの一年間石油ランプもなく、ローソクの火で毎夜すごしていたのである。

なんとしたことだろうと驚く前に、これだからこそ腰をすえて仕事ができるのだと感心してしまった。しかし後になって考えたことは、これで果たして中国農民の心をつかむことができるだろうかということである。中共政府の要人たちは労働者農民とあまり違わない服装で政治を演出している。レーニンは煙草一本にも気をつけて、大衆とかけはなれたものを吸わないように、明石に忠告した。満州事変頃から軍人で政治を論ずる者が多かったが、食うだけの月給を保証された（生活は決して豊かではないが）軍人の政治論は、何か庶民から浮きあがったところがあった。落選の心配のない官僚の政治は、必死に選挙を戦う代議士の政治行動にくらべると迫力が足らない。ラオス、ベトナムでは東西の政治勢力が衝突しているが、金も少ないのに、とかく中共の政治工作が西側を圧するのは、中共の工作員には現地人とともにわらじばき、要すれば、はだしで歩きまわる勇気と生活慣習があるからではあるまいか。

アメリカ側の工作員には、前記のアイスクリーム宣教師の生活態度がありはしまいか。彼の地には、別の理由で共産革命の下地はあるには違いないが、こんなことも考えられないことはない。

また、明石は幼時から苦労している。先祖は名家ではあったが、維新の経済変動にあって斜陽化し、父は彼の二歳のとき死に、母は幼児二人を抱えて実家に帰り、気がねの多い生活をし、十三歳ではすでに家庭を離れて上京している。彼にはロシアの農民（実は農奴）や労働者の苦労は、わかりすぎるほどわかっていたに違いない。はなやかな公使館付武官としての外交官生活の中でも彼は素朴であった。こんなことが、ロシアの不平党の猛者連と意気投合し、彼の工作が抵抗なく流れていった原因の一つだと思う。

14　謀略は逆流してくる

隣の家に火をつけて焼けば、隣の家を焼いた火は、何倍かの勢いになって、こちらの家に延焼してくる。火には家の所有主の差はわからない。謀略は放火のようなものである。一度発射された謀略の火炎には国境はないから、彼我両国ことごとくを焼きつくすまで燃え広がってやむことを知らない。ドイツ皇帝のレーニン工作が示すように、敵国だけを謀略で痛めつけようという虫のよい考えは許されないのである。敵国に放火しようというものは、その前に自国内を整理して逆流してくる謀略の炎で類焼されない用心が大切である。自分の懐にガソリンを抱いていて、隣国に火をつけるような愚をしてはならない。

15　日本人は謀略に弱い

日本は国際的謀略の処女地であった。国際的謀略に弱いのは当然であるが、ゾルゲ事件をはじめ戦後の外国謀略工作には実に脆かった。過去に苦い経験をたくさん持っている欧州人や中国人は、決してあのような弱体は暴露しない。

敗戦後日本の新聞の論調は一斉に変わった。日本首脳部の戦争指導反省の時であるから当然のことではあるが、それにしてもひどかった。ところで日本の大衆は、各新聞の首脳者が占領軍司令部に召集されて占領政策に協力を誓わせられていることを意識していない。新聞の名前が変わらないので、内容が占領軍の機関紙になっていることに気がつかなかったのである。あれだけ内容を変えるなら、新聞名という看板も変えるのが、商売道として当然とるべきエチケットであるが、それをそうさせないところに謀略の巧みさがあったのである。その後その新聞の内容が他の方向に大きく向きを変えたことも、気づかれていない。新聞は、その編集者と論調が革命的に変われば、違った新聞なのである。国の方は、ロシアがソビエトになり、支那は中国となり中共となって、ハッキリ看板を変えるからよくわかるが、新聞ではこれがよくわからない。テレビ・ラジオでも同様である。

日本人はマスコミ謀略にひっかかりやすい。特に〝自分でものを考えること〟や〝自己を主張する〟ことに忠実でない過去の習性は、これに拍車をかけるのである。

16 武力だけでは謀略を防げない

謀略工作は軍隊のように、国境付近でモタモタしてはいない。南ベトナムの例で見るように、ベトコン勢力は国境を固めている政府軍兵士の袖の下をかいくぐってドシドシ浸透してくる。

謀略の策源は大都会に発生する。人目につかないし、情報はよく入るし、指令の伝達にも便利である。国の首府もその例外ではない。明石の工作基地は一応ストックホルムにあったが、実質的にはパリが策源地であり、その細胞はペテルブルグやモスクワに巣食っていた。

まして現在の謀略工作は、国境をとびこえて、いきなりわが首都に根を張るのが普通である。ミサイルや人工衛星の原子爆弾でも手におえない代物なのである。事実アジア諸国のアメリ力装備の軍隊は、至る所で空を衝いて、してやられている。

17 武力よりも経済力がこわい

この頃こわいのは経済力である。武力は稀れにしか発動されないが、経済力は常に攻めよせてくる。日本の国の貿易量の三分の一を占めた外国は、日本を管理しているのと同じである。貿易をストップさせられたら、日本は破産する。長崎の国旗事件*は、中共の意思いかんにかかわらず、日本にとって危いことであった。中共以外には向かない規格の商品を発注しておいて、納品間際になって「買わない」というのであるから、大ていの会社は潰れてしまう。前渡し金をたくさん貰っておかねば取り引きのできない相手である。幸い日本の経済力が想像外に大きかったので、日本には政変は起こらなかったが、もし中共が意識してやったとすれば大した謀略だ。

長崎の国旗事件――1958年5月、長崎市のデパートで開かれた中国切手・切り紙展示会で、右翼団体に所属する青年が会場に掲げられた中国国旗（五星紅旗）を引き降ろした事件。日中両国には国交がなく、五星紅旗が国旗に当たらないとした日本側に対し、中国は貿易をはじめとした交流を全面的に停止した。

会社を乗っ取ろうと思ったら、その会社の製品三分の一以上の継続買い付けの流れをつくっておいてから、難題を吹っかけるのである。株の買い占めよりも実質的である。秘書や技師などを買収して、会社の機密や弱点を握っておいたうえ、難題をもちかけてくる相手にも困る。こんな隙をつくらない用心が大切である。

18 侵略者は、悪者をデッチあげる

敵国を占領してハタと当惑するのは、昨日まで仇同士であった敵国人民と仲よしにならねばならないことである。つい先ほどまで米鬼とか、鬼畜米英！　などと喚いていた同じ口で「マッカーサー万歳」ととなえるのも気がひけるし、「撃ちてしやまん」*の勢いで敵前上陸させた若者たちに「敵人を愛せよ」などと、急にキリストみたいなことをいっても格好がつかない。

こんな時に用いられるのは、誰かを悪者にデッチあげることである。身におぼえのない罪をきせられる人こそ迷惑千万であるが、この方が征服者、被征服者共に都合がよいのである。太平洋戦争敗戦後軍人たちは軍閥といわれて面食らった。日本に軍閥があったのは山縣元帥の全盛時代の昔のことである。日本を占領したアメリカ軍は、日本の国民とわだかまりなく

仲よしになるために、軍閥という悪者をデッチあげたのである。「日米両国が仇同士にさせられたのは日本軍閥という悪者の仕業である。アメリカ軍は日本の軍閥と戦ったのであって、決して諸君を敵としたわけではない。諸君が家を焼かれたのは日本の軍閥のためだ」ということで、気持ちよくマッカーサー命令に服従させられてしまった。

日本を占領したのが他の国であったら、違った悪者ができたかもしれない。たとえばその国が日本の軍隊を利用価値ありと認めた国であったならば「軍人諸君！　諸君を死の戦場に駆りたてたのは○○である。○○こそ諸君の敵である」といったことで、日本の軍隊はあっさり対○○戦争の矢面に立たせられたかも知れない。軍閥になったり、戦友になったり、忙しいことである。

日本が軍備をもつということは慎重に考えねばならないが、ここに不思議なのは、日本をめぐる諸国は、東西両陣営とも、日本の軍備を否定していないことである。いな自国の軍備を充実するばかりでなく、日本にも軍備をもたせようとしていることである。その理由は簡明である。日本を自己勢力の下におき、日本軍を味方に抱きこむ自信のある国は、日本に軍

撃ちてしやまん——撃ちてし止まん。第二次世界大戦中にスローガンとして用いられた。敵を撃破した後に戦いを止めようの意。

備をもたせておいた方が有利なのである。

大東亜戦争は解放戦争といわれている。事実最近アジア、アフリカ諸国が続々植民地支配から脱しているのであるから、あれは決して空宣伝ではない。この場合の悪者は白人諸国であるが、彼らの立ち場になれば「われわれは現地人の文化水準に相応する方法で、恵みを与えてきたのだ」と主張するだろう。中共ではよく「解放前」という言葉がある。これは悪い支配者から解放してやったということで、前の支配者が悪者なのである。

巧みな謀略にひっかかると、ほんとうの悪者を見誤るおそれがある。われわれは影を追いかける愚をしてはならない。

ナポレオン万歳、マッカーサー万歳

一八一二年ナポレオンがロシアに侵入し、モスクワを占領したとき、ロシア人民は「ナポレオン万歳」と叫んだという。謀略というものは、自分の好きなようにやっていて、それが自然に敵を喜ばすカラクリになっているのであるから、相当なインテリでもなかなか看破できない。まして一般大衆は、事が終わっても、これに感づかないことが多いのは無理もない。ナポレオン万歳といった連中などはその適例で、逆に彼らを圧制から解放してくれる救世主と思いこんだのである。ナポレオン万歳は笑えない。敗戦直後の日本でも、あちこちに「マッカーサー万歳」の声がきこえた。マッカーサーも皮肉な人で、自分の万歳をとなえた人たちを、その後まもなく追放してしまった。

注・モスクワ市民がナポレオンを困らせようとして、市街を焼いたというのは誤りで、ナポレオン軍の兵士の失火によって火災がおきたのが真相である。

19 ― 謀略の先頭には、仲間が進んで来る

政治謀略では、敵国人の中から、よいパートナーを獲得することが大切である。明石の心の友シリヤクス、ゾルゲにおける尾崎秀実はその適例で、明石やゾルゲが成功した鍵は実にシリヤクスや尾崎を獲得したことなのである。敵をだますことによって目的を達しようとする程度の謀略では、こんなしっかりしたパートナーはいらないが、敵国人の多くの者に〝なるほど〟と合点させて、われわれに同調させるような謀略では、まず敵を愛し、孫子の「上下欲を同じくするものは勝つ」の方式で、立派な敵国人を獲得することが成功の第一要件である。

単に利益のみによって動く敵国人は、この種のパートナーにはなりえない。カイライ政権で失敗するものはこの例である。敵国人民の尊敬と信頼のないものをつかって、敵国を操縦

しようとしても、相手が未開民族でない限り、じきに馬脚を現わしてしまう。その実例はわが国の近くにたくさんある。

逆に敵の謀略を防ぐには、敵のパートナーになりそうな、優秀有力な味方を警戒しなければならない。

外国商品が日本に上陸作戦してくると警戒されているが、外国商品が青い目の商人だけによって運ばれてくると思っていたら見逃してしまう。外国商品を売りにくるのはわれわれ日本人仲間なのである。

20 謀略されるのは、自分が悪いからである

太平洋戦争の運命を決したミッドウェー海戦では、敵機の集中攻撃をうけて、わが主力航空母艦四隻が沈没してしまったのであるが、歴戦者によく聞いてみると、あれは自爆だそうである。

敵機が急降下爆撃をかけてきたときには、わが空母の甲板上は、ガソリンと爆弾をつんで発艦を待機中の飛行機がいっぱい並んでいた。鴨が葱と薪を背負っていたようなものである。数発の爆弾で一瞬の間に火の海が現出し、炎にあぶられた爆弾はポンポン誘爆をはじめて、

手がつけられなかった。敵機の来襲が今十分間おそいか、わが機の発艦が十分早ければあんな惨めなことにはならなかったそうだ。わが空母は自分の爆弾で沈んだのである。

謀略は点火剤にすぎない。相手が爆弾を抱いていない限り、いくら謀略で点火しても爆発はおこらない。謀略を怖れることはない。怖るべきは大衆の不満と空腹であり、心すべきは民生の安定である。

アジア諸国やワンマン経営の中小企業が、赤化の温床といわれるのは、懐中に爆弾をもっているからである。この爆弾さえもっていなければ、いかなる大謀略を受けてもビクともするものではない。謀略はしょせんは妖怪変化である。暗夜に躍るものである。さんさんと太陽の輝くところでは、活躍できるものではない。

21　ある時、ある条件下の自分の姿である

謀略された人を笑うことはできない。それはわれわれ自身のある時、ある条件下の姿だからである。彼らが暴露した醜態は人間共通の心理的弱点の現われである。すなわち、われわれはいつでも彼らと同じ失敗をする素質を持ちあわせていることを忘れてはならない。

22 変革期には派閥抗争がおこる

時勢が大きく変わると、いままで主役だった者がわき役に押しやられる。押しやられるものには時勢の変わりが見えないから、不満を感じ、嫉妬心をおこす。自分の過去の功績と新しい主役の過去をくらべて腹がたつ。変革期には派閥抗争がどうしてもおこる。国でも会社でも同じである。

秀吉が国内を統一してみると、いままでの幹部の手におえない仕事にぶつかった。大組織の運用であり、政治経済の問題である。福島、加藤らに代わって主流派にのしあがったのは石田三成一派であった。大軍を運用するには参謀（スタッフ）がいる。福島らは部隊長（ライン）としては立派であるが、スタッフにはなれない。部隊長としては福島の足許にも及ばない石田が、スタッフとして、秀吉の旨を奉じて命令してくるのは、福島たちの我慢できないところである。それかといって福島たちは新しい能力を修得する努力もしない。石田にしてみればますます福島らが馬鹿に見えてくる。さらに政治経済のことになると、この溝がますますハッキリしてくる。豊臣末期に派閥抗争がおこったのは当然のことであった。

徳川家にもこれと同じことがおこった。徳川軍の主流は逐次、本多正純らの若手経営者の手にうつり、戦場での英雄の影は薄くなったが、家康の統率力は破綻を押えきった。しかし家康没後にはこれが表面にふき出てきた。旗本八万騎の不平がこれである。

戦争が始まると、戦略は政略より前に押し出され、一国政治の主導権は軍部に移って、文官の不平がおこり、文武の間に溝ができやすい。これは戦勝国でも戦敗国でも、戦争から平和に戻るときでも同じである。

変革期における派閥抗争は、謀略の絶好のつけめである。関ヶ原の家康はこれを狙った。ゾルゲ工作が驚異的に成功を収めたのは、軍部の活動を嫉妬（無意識に）していた近衛首相およびその側近の心の隙にしのびこんだからである。この隙は高度成長をしている会社にも必ずある。

23　性善説と性悪説

人間の本性は善であるから、教えるか、ほっておけば悪いことをしない、というのが性善説である。これに反し、人間は元来悪いものであるから、規則でこれを管理しなければならない、というのが性悪説である。

ドライバーに酒を飲ますと面白い。平素非常に小心な人でも、ホロ酔い機嫌になるとだんだんだん大胆になり、無暗にスピードを出し、交差点でも踏み切りでも、とまらなくなる。さらに酒量をますとついには前後不覚になって、手足が思うように動かず、スピードを出すことはもちろん、自動車を動かすこと、そのものまでできなくなる。

結局人間には性悪と性善の両方があって、適当にバランスを保っているものだと思う。アルコールを少し飲むと、まず性善の部分が麻痺して、スピードを出したい、とまりたくない、という性悪の部分が暴れ出して、ホロ酔い運転となる。アルコールの量がますと、性悪の部分まで麻痺して、人間の基本的行動までできなくなって、泥酔運転となる。

性善の部分のない人は、野獣に近くなり、性悪の部分のない人は、実行力がなくなってしまう。われわれには性善も性悪も必要なのであり、相手を性悪とみても決して失礼には当たらない。ことに政治、外交、経営、取り引きなどで、対人関係の仕事をする場合には、まず性悪説によって、レールを敷いておかねばならない。

ことに諜報謀略と対諜報謀略の仕事をする場合には、性善説というきれい事のベールをかなぐりすてて、人間の本来の欲望というものを洗い出し、人間は生命欲、食欲、色欲、物質欲が盛んなものという本来の姿を認識し、大胆かつ的確な基礎工作をしないと、攻めても成功せず、防いでも隙だらけになる。

「君主論」「戦術論」で有名なマキアベリ*は、人間は性悪だと極言している。かれは決して人間を侮辱しているわけではない。謀叛を予防しようと思ったら、人間は性悪だとして、的確な予防措置をとらないと、手落ちができるという意見である。

われわれは人間を尊重しなければならない。部下を疑っては統御はできない。相手は悪者だと思っていては、よい取り引き先はできない。〝規則は性悪説でつくっておき、実行は性善説による〟主義がよいと思う。諜報や謀略を防ぐには、性悪説によって組織や規定をつくっておき、このレールにのって、性善説で人に接すれば間違いもないし、人の感情も害しなくてすむ。

24　明石も尾崎も、台湾と中国に関係がある

かつて中国に行ったものは、必ず〝人間侮辱〟のひどい現実に直面して面くらったものである。支配者と被支配者の境遇が、あまりにも違いすぎたのである。

不合理、不衛生、横暴、虐待も、あまりにもその度がすぎると、かえって魅力となる。かつての中国を訪れた人々は、すべてこの魅力のとりこになって、一種の興奮状態になり、こ

マキアベリ——ニッコロ・マキャベリ（1469～1527）。イタリア（フィレンツェ）の思想家、外交官。

とに青年は一度で中国ファンになってしまう。そして〝われこそは〟と中国問題に没頭し、革命運動に熱狂する特異な人間ができあがる。こんなとき迫力のある人間から、何かの暗示を受けると、簡単に一種の狂信者になってしまう。尾崎はもちろんゾルゲ自身も、そんな事情にあったと思う。これは日本国内や欧米諸国にいてはわからないことであるが、現在でも、アジア、アフリカのいわゆる後進諸国を旅行する人は、必ず思い当たることである。

それはさておき明石元二郎、北一輝*（二・二六事件の思想的指導者）、尾崎秀実などの革命思想に関係した人は、軌を一にして中国、台湾生活の洗礼を受けている。明石は青年将校のとき川上参謀次長に随行して台湾、仏印、南支を視察し、北清事変では戦後折衝のため北京、錦州に至り、台湾征伐では近衛師団参謀として従軍している。尾崎は多感な少年期を台湾ですごし、青年期には上海、満州で活動して、つぶさに人権無視の社会の現実にふれている。北一輝はその国家改造法案を上海の客舎で練りあげたのである。ゾルゲの対日謀略の執念も、上海時代に基礎づくられている。

ただ違うところは明石、ゾルゲは、その義憤を敵国にぶつけ、尾崎、北はこれを自国内にぶっつけた点である。もっとも北は右寄り、尾崎は左寄りではある。この四者の感情のほとばしった過程にはなにか共通のものがあるように思える。

要するにアジア、アフリカ諸国に踏みこんだ人は、なにか異様な義憤にかられて、興奮状態になってとび出してくる。換言すればアジア、アフリカ諸国は赤化の温床である。
これには直接関係はないが、後年明石は朝鮮憲兵司令官、台湾総督として、両地の反乱運動鎮圧に任じているのは奇縁である。

北一輝――きた・いっき（１８８３～１９３７）。中国の辛亥革命に参加。『国家改造案原理大綱』（『日本改造法案大綱』に改題して出版）を執筆して、国家主義運動の思想的指導者となる。二・二六事件で逮捕、銃殺される。

25

影ふみ遊び

特に敗戦後、東西両勢力の謀略は、日本を中心として激しく渦巻き、入り乱れた。そしてその渦の中心は、朝鮮戦争後、逐次大陸沿岸地方に移動し、韓国、台湾、インドネシア、マ*ラヤ、ラオス、ベトナム、インド、パキスタンなどでいろいろな現象をひきおこし、世界の危険はここに集中してきた観がある。

われわれはかつて日本で起こったもの、現在ベトナムや韓国で起こっていることの正体をはっきり見きわめなくてはならない。これらのことは、やがてまた日本で、もっと猛烈なものになって、まきおこるに違いない。

明石やゾルゲのやったことは、現在にも通用することである。いな、現在行なわれていることは、それなのである。近い将来日本に起こることもそれである。われわれは近代謀略の嵐に見舞われたとき、的確に事態の真相を見極め、冷静に事を処理し、前の失敗をくり返してはならない。今度は前の程度の被害ではすまないと思う。

相手を追いかけて行って、地上に映ったその影を踏むことを競いあう、子供の遊びがある。やっとのことで追いついて、力一杯踏みつけると、相手はサッと身をかがめて、影をどこかへやってしまうので、空ふみばかりしてしまう。人を追わずに影を追うからである。敵の謀略を粉砕しようとし、表面に現われた現象ばかりを追いかけるのは、影ふみ遊戯で、影に翻弄されるようなものである。謀略の手先になって街頭で躍っている暴徒ばかりを目の仇にしていては、決して謀略を根絶することはできないのである。またわれわれは影になってはならない。自分自身を大切にすべきである。大事なエネルギーを人の影となって消尽することほど、人間の尊厳を無視した話はない。

われわれは謀略を研究し、謀略を撃滅し、謀略から身を守らねばならない。

マラヤ――マレーシアの前身。1957年イギリスから独立してマラヤ連邦となり、1963年シンガポールなどと合同し連邦国家マレーシア誕生（その後、1965年にシンガポールが分離独立）。

解説

佐藤 優

大橋武夫氏（1906〈明治39〉年11月18日から1987〈昭和62〉年7月13日）は、旧大日本帝国陸軍が生んだ傑出したインテリジェンス・オフィサー（情報将校）だ。旧陸軍において、情報を担当するのは参謀本部第二部に所属する情報将校だった。現場では、優れたインテリジェンス能力を情報将校が運営する特務機関が設けられた。また陸軍中野学校のような情報教育に特化する特別の部隊も設けられていた。大橋氏はこれらの公式のインテリジェンス機関に関与したことはない。むしろ現場での作戦に従事した参謀だ。大橋氏の傑出した能力は、太平洋戦争後、「兵法経営」と呼ばれた経営工学として活かされたのである。

まず大橋氏の履歴について、時系列で記しておく。なお、本稿における大橋氏についてのデータは、主に旧陸軍将校経験を持つ経済人により組織された同台経済懇話会の『草萌え―同台経済人の記録』第一巻、1978年による。

1906年11月　鳥取県吉方町に、陸軍少佐大橋崧次郎の四男として生まれる。
1913年4月　愛知県蒲郡町立南部尋常小学校入学
1919年4月　愛知県立第四中学校（豊橋市）入学
1920年4月　名古屋陸軍地方幼年学校入校（第二四期）
1923年4月　陸軍士官学校予科入校（第三九期）
1925年4月　野戦重砲兵第二連隊（三島）士官候補生
1925年10月　陸軍士官学校本科入校
1927年8月　陸軍士官学校本科卒業
1927年10月　陸軍砲兵少尉、野戦重砲兵第二連隊付
1928年8月　野戦重砲兵第七連隊付
1928年12月　陸軍砲工学校入校
1930年8月　陸軍砲兵中尉
1930年11月　陸軍砲工学校高等科卒業
1932年10月　陸軍自動車学校長期学生修業（一八ヶ月）
1933年4月　陸軍野戦砲学校観測通信学生修業（四ヶ月）
1933年8月　陸軍野戦砲兵学校教導連隊付兼同校教官

1935年8月　陸軍砲兵大尉、野戦砲兵第七連隊中隊長
1936年12月　支那駐屯砲兵連隊（北支・天津）中隊長
1937年7月　支那事変従軍
1939年4月　陸軍大学校専科入校
1940年3月　陸軍大学校専科卒業、陸軍重砲兵学校教官
1940年4月　陸軍砲兵少佐
1941年3月　第十二軍参謀（北支・済南）
1942年12月　陸軍重砲兵学校教官（静岡県駿東郡駒門村）
1943年8月　陸軍中佐
1944年8月　東部軍参謀（東京）
1945年4月　第五十三軍参謀（相模平野）
1945年12月　日本通運（株）品川自動車所庶務係長
1947年4月　鉄道車輛工業（株）人事課長
1949年　深海開発（株）常務取締役
1951年6月　東洋精密工業（株）代表取締役
1970年4月　読売理工学院東京理工専門学校講師

1970年12月　(財)偕行社理事長
1972年12月　(財)偕行社副会長
1976年3月　東洋精密工業(株)代表取締役会長
1987年7月　死去

大橋氏のように能力の高い人物ならば、1935年に野戦砲兵第七連隊中隊長をつとめたのちは陸軍大学校の本科(3年制)に進んで参謀本部第一部(作戦)か第二部(情報)に参謀として勤務するのが普通だ。しかし、現場を回ることになる。そして陸軍大学校には、かなり遅れて現場の参謀を養成する専科(1年制)に1939年に入校することになった。これには事情がある。1936年の二・二六事件に巻き込まれてしまったのだ。この経緯について大橋氏はこう述べている。

私が軍人として本格的に働き出したとたんにぶつかったのが二・二六事件である。千葉県市川の野重七の中隊長になるまでは、野戦砲兵学校教導連隊の小隊長として、毎日下志津原を駆けまわっていて政治向きのことなどには一切無関心で過ごしてきていたのだから、昭和十一(一九三六)年二月、中隊長になる早々部下から叛乱部隊が出たのにはびっくりした。片腕とたのんでいた田中勝中尉が、自分が教育していた二年兵の自動車手全員を率いて参加したのである。おまけに私は週番司令として泊りこんでおり、連隊本部の二階にある週番司令室で眠っていた私の枕の下を堂々と出て行ったのを知らないでいたのだから問題である。後で知ったことであるが、当日私と同じ立場にあったのは野中四郎大尉、山口一太郎大尉など錚々たる革新将校だったのだから、私が臭い…と睨まれたのもやむをえない。それに田中中尉は連隊長用乗用車に乗って、中隊の自動貨車全部をもっていったのだから連隊長の御機嫌は悪い。しかし将校の指揮する部隊は営門フリーパスの規定があり、しかも数日前将集の会食時「田中中尉はこの頃夜間演習に精励していてよろしい」と連隊長自身が夜間出動を賞めたばかりなのだから怒りようもない。…私は待命になり、全く暑い一夏を家で過したが、十二月になってようやく許され「二度と帰って来るな！」とばかりに東支那海の向こう岸、当時の日本軍の最前線である天津にとばされた。こうなっては陸軍大学校どころではない。十五年もかかって築きあげた軍人としての基盤も一挙に崩壊し、暗澹たる前途に当面することになった。しかし、これはピンチではなくて、チャンスであった。

（大橋武夫「ピンチはチャンスなり」『草萌え―同台経済人の記録』第一巻、1978年、13～14頁）

二・二六事件後、決起した青年将校に近いと目された皇道派は徹底的にパージされた。大橋氏もこのパージに巻き込まれてしまったのだ。大橋氏自身は、政治的に中立に振る舞っていたので、軍中央の処遇には納得がいかなかった。しかし、大橋氏はここで腐ってしまわずに「ピンチはチャンスなり」と受け止めたのである。そして、中国勤務でインテリジェンスのノウハウを体得した。

北支には北清事変以来、少数の部隊が形式的に駐屯していたが、昭和十一年春、北支の風雲急とみて、混成旅団級に増強された。これに応じ、従来一年交代で、山砲兵第十一連隊（善通寺）より一小隊づつ派遣されていたのを四中隊の山砲と十五榴に増強され、常駐部隊となったもので、北支の事情とくに人情に詳しく、後日戦争状態になったときも、精練な現役将兵の編成のままで出動したため、強かったのである。もっとも私の中隊の段列（補給隊）の大部は中国人で編成していたこともあり、将兵とも敵地で戦っているという感じはなく、終始「土地の人間を守ってやる」という気持ちであったため、民衆がよく協力してくれた。

（前掲15頁）

そして1937年7月7日の日中戦争（支那事変）勃発時の現場証人となった。1942年12月、日本に戻ってきてからは、砲兵の教育にあたる。1944年8月には本土防衛を担当する東部軍参謀になった。ここでも大橋氏のインテリジェンス能力が発揮された。

東部軍参謀として、アメリカ軍の上陸作戦に備え、富士川以北の上陸防御陣地の偵察をして驚いた。狭い日本だと思っていたのに、いくら兵力を注ぎこんでも足りないのに閉口した。防御すれば、狭い日本も無限大といえるほど広いのである。孫子の「足らざるは防げばなり」が身にしみてわかった。なお、アメリカ軍の日本上陸攻撃は九十九里浜と昔からきまっており、度々ここで上陸防御演習が実施されてきたほどで、この度の大本営の考えももちろんここに主力を配置することにきまっていたようである。私もそのつもりで九十九里浜に坐りこんで考えを練っているうちに、これはおかしい…と気付いた。沖に碇泊している船が一つも見えないのである。聞けば錨の固定ができないからだという。物量作戦主義のアメリカ軍が輸送船のつかない九十九里浜にくるはずがない。これは大変である。…私は敵は相模湾と主張して、与えられた重砲の大部を小田原〜鎌倉海岸に配置することにし、強引に各方面を説得してまわった。二十年四月に相模湾正面に配備された第五十三軍参謀に私が任命されたのは、そのためらしい。

（前掲20〜21頁）

太平洋戦争後、大橋氏は実業界に転じる。明治時代（1901年）に創立された時計やメーターなどを製造していた老舗会社・東洋時計で激しい労働争議が起きた。1946年の東洋時計上尾争議では、1名が死亡、100名以上が負傷した。労使関係のもつれから東洋時計は事業を停止し、倒産手続きをとった。大橋氏は、倒産した東洋時計の小石川工場を、東洋精密工業として再建した。

戦後、私は東洋精密工業を創立した。普通は、倒産するのがニュースになるが、武士の商法たる私の会社は倒産しないのがニュースになる。大方の期待に反してなかなか潰れないのでマスコミの話題となり、新聞・雑誌・ラジオはもちろん、ついにはテレビにまで出るようになり、多くの人からインタビューされた結果、結局「大橋は兵法で経営している」ということになり、昭和三十八年にベストセラー「兵法で経営する」が生まれ、以来、全国にわたる講演約五百回、刊行した著書三十という、思いがけない事態となり、今日では兵法経営は日本経営界の一ジャンルを形成するまでになっている。

（前掲、21頁）

大橋氏は、陸軍時代に体得したマネジメント論を企業に適用したら見事に成功したのだ。当初、大橋氏自身は兵法によって経営しているという自覚を持っていなかったようだ。

私は兵法で経営しているとは夢にも思わず、ジャーナリストから指摘されてもなかなか納得ができなかったが、統帥綱領や作戦要務令などを改めて読み直すと、確かに人の言う通りなのである。十四歳から二十七歳までの陸軍で受けた教育と、その後十一年間の実戦の経験はここにいたって大きな効果を発揮することになったわけで、私は陸軍から受けた恩恵に対し、改めて感謝の念を捧げる次第である。

（前掲、21頁）

ここでは兵法という言葉で表現されているが、現代的に言い換えるならばインテリジェンスの哲学と技術を用いた経営である。大橋氏が陸軍の現場指揮官並びに参謀として身に付けたインテリジェンスの技法は、他の分野にも広く応用することが可能だ。本書『謀略』は、大橋氏の作品の中で最も教科書的性格の強いものだ。大橋氏はインテリジェンスの要諦は謀略であるとする。実は私も大橋氏と同じ謀略観を持っている。

小さな力で大きな仕事をするには、謀略を使用する必要がある。謀略とは、実力をなるべく使わないで、相手を自分の思うようにすることで、謀略工作の本命は、相手に自主的に計算させ、わが主張に同調する方が有利だと、情勢を判断させることである。
相手をだますこともないではないが、トリック工作では大きなことはできないし、長続きしない。謀略のベテランが「謀略とは誠心である」とか「謀略の第一要件は、相手を愛することである」などというのは、このためである。
謀略に宣伝はつきものである。わが威力を誇示し、弱点をかくし、企図をごまかすためには、巧みな宣伝が必要である。しかし不思議なことには、うそと手練手管で固めたようにみえる謀略の世界でも、うその宣伝効果は長続きしないということである。

（本書、251〜252頁）

「謀略とは誠心である」というのは、陸軍中野学校の教育方針だった。大橋氏も同じ価値観を持っている。ちなみに後方勤務要員養成所（後の陸軍中野学校）を創設し、初代校長を務めた秋草俊氏（1894年4月6日〜1949年3月22日、最終階級は陸軍少将、モスクワ郊外の収容所で病死）も陸軍大学校を出ておらず、陸軍士官学校卒業後は東京外国語学校に派遣されロシア語を学び、ハルビン特務機関で対ソ・インテリジェンスの現場経験を積んだ上で、参謀になった人物だ。私が高く評価する旧陸軍のインテリジェンス・オフィサーに陸軍大学校を卒業した超エリートはほとんどいない（唯一の例外が、終戦時に参謀本部第二部長をつとめた有末精三中将）。現場感覚を持たない人が情報参謀になっても、効果的なインテリジェンスを構築することはできないのだと思う。

大橋氏の思考の基礎となっているのが、陸軍のインテリジェンス認識だ。今日で言うインテリジェンスを陸軍は秘密戦と呼んでいた。秘密戦は次の四つに区分される。

第一が（積極）諜報〈ポジティブ〉・インテリジェンス、〈positive〉intelligence）だ。対象の国家や組織に察知されずに、対象が秘匿している秘密を入手することだ。

第二が防諜（カウンター・インテリジェンス、counter intelligence）だ。敵対する国家や組織から、我が方の秘密を入手されないようにする方策をとることだ。

第三が宣伝（プロパガンダ、propaganda）だ。長所を誇示し、短所を隠すことで、我が方に有利な情勢を作り出すことだ。

第四が謀略（コンスピラシー、conspiracy）で、諜報、防諜、宣伝を駆使して実力以上の成果を出すことだ。

大橋氏は、諜報と謀略の関係について以下のように整理する。

謀略には諜報はつきものである。しかし謀略と諜報とは違う。謀略は相手をわが思うように動かすことであるが、諜報はただ相手の状況を知るだけである。

相手の状況を知る方法には二つある。表面から堂々と調査する情報工作と、裏面から秘かに行なう諜報工作である。

諜報工作は優秀で権限のある人物（副総理、参謀次長、副社長など）を長とし、腕ききの工作員をもって、諜報網をはって活動させる。

幹部工作員は単なる忍者では役に立たない。広く政治、経済、技術上の知識と能力をもち、一流の人々とつきあえる教養と人柄が必要である。ゾルゲ事件の尾崎秀実は首相のブレーンが立派につとまる人間であった。

いかに優秀な工作員を使っても、組織がなければ能率があがらない。国際間では、平時より莫大な金を使ってこの組織網を培養している。大(公)使、大(公)使館付武官、各種通信機関、宗教団体などは、本人の意識するしないにかかわらず、この組織の中にはいっている。

われわれが中国で、煙草や塩の販売網を重視したのも、このためである。桶狭間の合戦を予期した織田信長が一番重視したのは、今川義元の行動を知ることであった。十倍の敵を破るには、敵の主将を狙い討つことが肝心で、そのためには義元の行動を詳知し、チャンスをつかまえて奇襲することが絶対要件だからである。信長は義元の行動を偵知し、できれば、奇襲のチャンスをつくらせるために、十年前より諜報網を植えつけている。また清洲城内外に張りめぐらされている今川方の諜報網に、自己の出撃企図を察知されないため、いろいろと苦心の演出をしている。

（本書255〜256頁）

ここで、大橋氏はさりげなく〈われわれが中国で、煙草や塩の販売網を重視した〉と述べているが、ここに重要な秘密が隠されている。煙草や塩の販売網は、情報を収集する際のインテリジェンス・ネットワークとしても役立つが、これらの物品を販売することで陸軍が簿外の資金を得ることが可能になる。諜報や謀略には、正規の予算に馴染まないような支出が必要になる。そのための資金を大橋氏は、煙草や塩の販売で得ていたと私は見ている。

大橋氏は、現代で言うオシント（オープン・ソース・インテリジェンス、公開情報諜報）の重要性を説く。

諜報工作には文書工作とスパイ工作との二つがある。

新聞、雑誌、ラジオ、テレビ、公刊印刷物などに注意していて、目的に関係あるものを片っぱしから切りぬいたり、書きとめておいて、これを継続的に整理し、総合判断すると、その国の考えなど意外によくわかる。

〔新聞には、その国の考えが現われている〕

あの男は新聞の切りぬきばかりつくって、三年間すごしたそうだ、とある外国駐在の情報員を笑った人がいる。情報員はもちろん現場の風にあたることを忘れてはならないが、新聞の切りぬきということを一概に笑いすてることは間違いである。新聞にはその国の実力や考えが書かれている。これを切りぬき、総合し分析すれば、いかに言論統制をやっていても、必ず尻尾がでる。もちろん、内外各種の新聞を継続的に観察することが大切である。

明石、尾崎の両者が期せずして熱心に新聞を研究したことは、このことを実証している。上海での尾崎は、赤と青の鉛筆でアンダーラインを引きながら、各種の新聞を一字のこさず、批判的に、しかもメモをとって読んでいたのである。

（本書256〜257頁）

オシントは、ウェブサイトで各国の政府公刊物や新聞へのアクセスが容易になった今日、重要性を増している。もっとも公開情報の大海から価値ある情報を拾い出すには、インテリジェンス機関で秘密情報を含むさまざまな情報を精査し、評価、分析した経験がないものには難しい。日本の政府機関では、大学を卒業したばかりの若手にオシントを担当させる傾向があるが、それではまともな情報を抽出することができない。必ず秘密情報へアクセスした経験が豊富な分析官が未経験な若手を指導、監督しないとオシントの腕は向上しない。

大橋氏は、過去の戦史や傑出したインテリジェンス・オフィサー（そこにはスパイも含まれる。スパイとは非合法活動に従事するインテリジェンス・オフィサーもしくはその協力者のことだ）の手記や裁判記録からノウハウを吸収することに努める。大橋氏は、ソ連のスパイだったリヒャルト・ゾルゲのインテリジェンス能力を高く評価し、その特徴を13点に整理した。この整理が実に見事だ。

⑴ 指導的立ち場にある人と関係をもて。—情報は断片的なものを、広い範囲にわたって集め、総合判決をすることが大切である。総合判決のためには要人の意向を知っておくと便利である。

⑵ 広く、その国民と接触せよ。—そのためにはその国に関する、あらゆる知識をもっていなければならない。私は日本を知っていたから、各方面の有識者と会談し、決定的な最終結論をひきだすことができた。

⑶ 女性は諜報活動に不向きである。—政治や社会事情にうとく、夫の話さえ理解できないのが多い。夫のある女性は夫の嫉妬を受けやすい。

⑷ 金は必要であるが、浪費は警察の目をひきやすい。

⑸ 合法的偽装が必要である。—新聞社の特派員や商人のような、多くの人に接してもおかしく

ない定職をもたねばならない。

(6) 人種的差異の甚だしい日本における諜報工作は困難である。どうしても優秀な日本人助手を必要とするが、これを得るには思想的・宗教的同調によるのがよく、政治的利益や金銭的報酬によるものは安定性がない。

(7) その国の警察に対して常に関心をもて。—特に入国後しばらくは諜報活動をしてはいけない。私がロシア語を話せることは、最後まで誰も知らなかったはずだ。常に家宅捜索を受けるものと予期して整理していた。

(8) 軍事情報をうることは困難であるが、国内政治や外交政策に関する情報は比較的容易に入手でき、しかもこれによって軍事情報を推察できる。

施政方針に関する情報は、上流階級の人から容易にとれた。彼らは政治問題を論議して問い詰められると、どんな機密事項でも、知らない素振りのできない習性をもっている(知らないと沽券にかかわると思う?)。またドイツに関する情報をもらすと、きまって日本の秘密情報をもらしてくれた。日本の新聞記者は各種の秘密情報をよく知っていた。

(9) 政治問題に関し、絶対に秘密を守るということは不可能である。

(10) 噂に注意せよ。—日本では、何事かが起こる前にはきまって噂が乱れとぶ。そしてその噂を集約してみると、何がおこるかが予想できる。

⑾　秘密事項に関係する人は、軽率に発言してはならない。―ドイツ本国から来たハーク特使は雑談中に「ソ連のスパイがうるさくて仕方がない。大島駐独大使、リッベントロップ外相、カナリス秘密情報局長らの邸のまわりにはソ連のスパイがうろついていて、反共条約会談の写真までとられたので、この頃は三者会談はしないで、私が三者間を連絡してまわって交渉をつづけている」と洩らした。私の報告によって、ソ連はいままで気がつかなかった三者会談に注目しはじめ、ハークに尾行をつけた。部外者には、いかなる親友にでも、秘密はもらしてはならない。

⑿　防諜工作には大局を逸してはならない。―日本の警察はわれわれ外国人の日常行動のつまらないことばかりを注視していた結果、大きなことを見逃している。私の考える防諜の秘訣は、すべてのことを秘密にすることのみでなく、スパイの知りたがっていることの焦点を絶えず変化させていくことである。こうすれば、スパイは疲労困憊して、ついにその対象についでは諦めてしまうであろう。

⒀　私は本部で準備してくれた、多数の偽造旅券を使用した。アメリカの出入国は容易であったが、イギリスでは困難であった。

（本書259〜261頁）

ゾルゲは、日本の政治エリートについて〈政治問題を論議して問い詰められると、どんな機密事項でも、知らない素振りのできない習性をもっている〉と指摘するが、これは21世紀の現在でもあてはまる。情報は必要な人だけが知ればいいという「ニード・トゥ・ノウ(need to know)の原則」が確立していない日本では、「知らされていない」ということが「権力を持っていない」こととほぼ同義と受け止められるからだ。新聞記者が外務省幹部に「局長は知らされていないいんですか?」と問いかければ、「そんなことはない」と言って、必死になって調べ、秘密情報を調べて教えてくれる。

確かにゾルゲは、獄中で書いた手記で〈女性は諜報活動に不向きである。――政治や社会事情にうとく、夫の話さえ理解できないのが多い。夫のある女性は夫の嫉妬を受けやすい〉との趣旨のことを述べているが、私は額面通りには受け止めていない。ゾルゲは、アグネス・スメドレー(アメリカのジャーナリスト)、石井花子など女性をスパイ活動において最大限に活用している。自らと関係があった女性たちを守るために、ゾルゲはあえてこのような供述をしたのだと思う。また取り調べを担当した警察官や検察官も、ゾルゲから秘密情報を得るための見返りに、協力した女性たちにあえて捜査の手を伸ばさなかった。女性はインテリジェンス活動に不向きとしていた方がゾルゲにとってはもとより、捜査における不作為を追及されることを避けるという点で当局にとっても都合が良かったのだと思う。

大橋氏のインテリジェンス技法についてまとめると次のようになる。

まず、重要なのが、目的と標的を確定することだ。

(1) 目的を確立する。—何を知ろうとするかをきめる。
(2) 誰をねらうかをきめる。—われわれの希望していることを知っているのは誰か、と確かめる。
(3) いかにして接近するかをきめる。—接近方法により、あるいは自ら当たり、あるいは適当な人を使う。

（本書263頁）

この3点は今日もヒュミント（人間を介したインテリジェンス活動）の基本中の基本だ。
どのような人を標的とするかという点について大橋氏はこう考える。

(1) 最高責任者（元首、首相、社長）。
(2) その次の者——トップに比して油断がある。
(3) その前任者——油断または不平がある。
(4) その側近者（夫人、情人、侍従、秘書、副官、書記、タイピスト、運転手、家族、門番、友人。さらに自家用車［の運転手］も）

(5)　直接担当者およびその助手。

社長の行動は、秘書、運転手、自家用車のナンバーを握っておれば、大ていわかる。ねらいをつけた人の身上は徹底的に調査する。本人の賢愚、私欲の強弱、趣味、好き嫌い、健康、財産および金使い、勤務状況および勤務の不満、事業とその現状、家族の状況、交友関係などを細大洩らさず調査し、一表にして検討すれば必ず〝弱点すなわち泣き所〟をつかむことができる。泣き所のない人間はない。これに向かってスパイ工作の重点を指向する。なお交友関係によって、接近の糸口を見つけることもできる。

（本書２６３〜２６４頁）

上からのアプローチと下からのアプローチがあるわけだが、大橋氏は上からのアプローチを推奨する。

スパイ工作には、相手の端末を狙うものと、直接首脳部を狙うものとある。昔から「下郎は口さがない」といわれている。門衛、人夫、兵隊などのいうことを聞き集めて、これを総合し、問題点に絞っていく方法が前者であり、後者は大統領、首相、大臣、参謀総長およびそれらの前任者に直接働きかけるもので、案外多く成功している。

（本書264頁）

私の経験からしても、上からのアプローチの方が効果的だ。秘書、補佐官、運転手など下からのアプローチで秘密情報を入手しようとすると、防諜機関によって摘発されるリスクがあるからだ。秘密情報を漏洩するのが政府高官や有力政治家になると、そのような権力者を摘発することは、防諜機関としてかなりのリスクを負うことになる。インテリジェンス・オフィサーが、最高首脳レベルに食い込んで、情報漏洩が露見した場合、情報源が連座する状況を構築すれば、防諜機関も手を出すことができない。だから上からのアプローチの方が適切なのである。

協力者が持ってきた情報の扱いに対する大橋氏のアドバイスも適切だ。

(1) 批判しない。——スパイのもってきた情報は、批判しないで受け取る。批判することにより、逆にこちらの企図を察知されるおそれがある。スパイは、必ず相手からも使われると思わねばならない。

(2) 別の理由で断わる。——売りこみ情報を断わるときも、気をつけないと、断わり方によって、こちらの希望、知っている程度、能力などを打診されてしまう。「これはインチキ図面だ」などといわないで、今は金がないから買えない、などとごま化しておく方が安全である。スパイに対しては、あくまで自分を、摑みどころのない人間にしておくことが大切である。「あれが知りたい」などといえば、必ず敵の方へ「あれを知りたがっている」と、売りこまれてしまう。

(3) 他所へも売っている。——金になる情報は、必ず他のところへも売りこまれている。自分ひとりだけ知っている、などと喜んで安心していると、人に先を越される。

(4) 信用しない。——スパイのもって来た情報をことごとく信用したら大変なことになる。ほんとうのことが三分の一もあればよい方と思わねばならない。だまされないためには今までに得た情報を整理して、一表にしておき、各種の情報をかれこれつきあわせて、真偽を確かめ易いよう準備をしておくことが必要である。

（本書269〜270頁）

特に重要なのは、協力者が持ってきた情報を批判しないことだ。たとえガセネタだと思っても、評価を決して口にしてはならない。こちらが事情についてどれくらい知っているかが露見してしまうからだ。情報提供者に任務を与えるときも、決してピンポイントで課題を与えてはならない。10くらいの多分野の課題を与え、そこにほんとうに知りたい事柄を一つか二つ紛れ込ましておくことだ。こちらの関心がどこにあるかについて（裏返して言うと、どのような情報を我が方がとれていないかということ）、協力者に伝える必要がないからだ。協力者は、我が方がインテリジェンス工作の対象とする国家や組織に蝕する人とも接触する。その際にこちらの情報も相手側に抜けるからだ。とらえどころがないような状態を協力者に対してつくっておくことがヒュミントで我が方が打撃を受けないようにするためには不可欠なのである。

最近、日本でもインテリジェンスの教科書や参考書が種々出版されるようになった。そのほとんどが種本にしているのが、ローエンタール氏の教科書だ（マーク・M・ローエンタール／茂田宏・監訳『インテリジェンス――機密から政策へ』慶應義塾大学出版会、2011年）。インテリジェンスはそれぞれの国家、民族の文化を反映する。ローエンタール氏の教科書は、アメリカの文化を反映したものだ。同じアングロ・サクソン文化に属しても、イギリスのインテリジェンスはアメリカとかなり異なる。アメリカが事実を重視するのに対して、イギリスは物語を最大限に活用する。イギリスのインテリジェンスの方がアメリカよりも宣伝と謀略を駆使する。しかもイギリスは「まず小さいことでは真実だけを述べて信用を得て、最後に大きく騙す」という手法が得意だ。コンプライアンスを重視するアメリカ文化の下では、インテリジェンスにおいても謀略という手法がなかなか育たないのである。ローエンタールの教科書に書かれているような、インテリジェンス・サイクルや政策と情報（インテリジェンス）の分離などということも、アメリカにおいてすら実際には守られていない。ローエンタールの教科書に書いている通りに日本人がインテリジェンス活動を行えば、成果が出ないだけならばまだマシで、大きな事件もしくは事故を起こす可能性がある。

本書冒頭の「まえがきに代えて」でも強調したが、現在、国際情勢は大きく変動しつつある。このような状況で正しい情報を迅速に集め、それを分析することが不可欠になっている。その際に、旧大日本帝国陸軍の情報畑ではないところから生まれた大橋武夫氏のインテリジェンスの遺産から学ぶべき事柄が少なからずあると私は考える。

（2024年1月4日脱稿）

［著者紹介］

大橋　武夫（おおはし・たけお）

1906（明治39）年生まれ。愛知県蒲郡市出身。1927（昭和２）年陸軍士官学校本科卒業（39期）。1936（昭和11）年支那駐屯砲兵連隊中隊長、1941（昭和16）年第12軍参謀（北支・済南）、1944（昭和19）年東部軍参謀（東京）、1945（昭和20）年第53軍参謀（相模平野）、中佐にて終戦。

1947（昭和22）年鉄道車輛工業（株）人事課長、1951（昭和26）年東洋精密工業（株）代表取締役、1970年（昭和45）年（財）偕行社理事長、1972（昭和47）年同副会長などを歴任し、「兵法経営」の提唱者としても知られる。

1987（昭和62）年逝去。

著書に『統率』『決心』『兵法で経営する』『経営幹部100の兵法』『統帥綱領入門』など多数。

［解説］

佐藤　優（さとう・まさる）

作家、元外務省主任分析官。

1960（昭和35）年東京都生まれ。埼玉県立浦和高校卒業後、同志社大学神学部に進学。同大学院神学研究科修了。1985（昭和60）年外務省に入省。在英国日本国大使館、在ロシア連邦日本国大使館に勤務した後、本省国際情報局分析第一課主任分析官（課長補佐級）として対ロシア外交の最前線で活躍。

モスクワ大学哲学部客員講師、東京大学教養学部非常勤講師、同志社大学神学部客員教授などを歴任。

近著に『それからの帝国』『プーチンの10年戦争』『ウクライナ「情報」戦争』など。

復刻新装版《ふっこくしんそうばん》　謀略《ぼうりゃく》
インテリジェンスの教科書《きょうかしょ》を読《よ》み解《と》く

2024年 3月25日　初版発行

著　者――――大橋 武夫
解　説――――佐藤　優
発行者――――花野井 道郎
発行所――――株式会社時事通信出版局
発　売――――株式会社時事通信社
〒104-8178　東京都中央区銀座5-15-8
電話03(5565)2155　https://bookpub.jiji.com/

校正――――――有限会社玄冬書林
デザイン――――渡邉 純（株式会社ダイヤモンド・グラフィック社）
DTP・印刷・製本――株式会社ダイヤモンド・グラフィック社
編集――――――坂本 建一郎　高見 玲子

ISBN978-4-7887-1910-1 C0031 Printed in Japan